图说 海上武器

《图说经典百科》编委会 编著

南海出版公司

图书在版编目（CIP）数据

图说海上武器 /《图说经典百科》编委会编著. ——海口：南海出版公司，2015.9（2022.3重印）
ISBN 978-7-5442-7949-9

Ⅰ.①图… Ⅱ.①图… Ⅲ.①海军武器－世界－青少年读物 Ⅳ.①E925-49

中国版本图书馆CIP数据核字（2015）第204805号

TUSHUO HAISHANG WUQI

图说海上武器

编　　著	《图说经典百科》编委会
责任编辑	张爱国　吴燕梅
出版发行	南海出版公司　电话：（0898）66568511（出版）
	（0898）65350227（发行）
社　　址	海南省海口市海秀中路51号星华大厦五楼　　邮编：570206
电子信箱	nhpublishing@163.com
经　　销	新华书店
印　　刷	北京兴星伟业印刷有限公司
开　　本	787毫米×1092毫米　1/16
印　　张	7
字　　数	70千
版　　次	2015年12月第1版　2022年3月第2次印刷
书　　号	ISBN 978-7-5442-7949-9
定　　价	36.00元

南海版图书　版权所有　盗版必究

前言
Preface

当人类第一次为生存而将手中的石头和木棍用作武器时，"武器时代"的潘多拉魔盒就已经被打开了。之后，又经历了从残酷的冷兵器时代过渡到文明时代的艰难历程。为研究武器而获得的大量科技成果，正在一天天为我们的文明社会服务。历史的车轮滚滚向前，科技的发展日新月异。海上武器的不断发展也代表了人类社会的不断进步，但任何事物的发展都具有两面性，是恶魔也是天使，所以当我们的祖先打开潘多拉魔盒的时候，很难料想到武器技术的发展会成为一把寒光闪闪的双刃剑："退后"一步，世界将和谐美好；"前进"一步，则可能毁灭我们赖以生存的地球。

海上武器是蓝色领海的保卫者，它们随着科技进步而日益改变了各国海军的面貌。为了让青少年进一步了解海上武器的发展历程以及相关知识，我们特别编写了《图说海上武器》这本书。本书将详细介绍这些"聪明而智慧"的现代海上武器，包括护卫舰、驱逐舰、航空母舰和其他战舰，语言浅显易懂。另外，为了使青少年对海上武器有更清晰的认识和更直观的感受，本书特意采用了图文并茂的方式。另外，在对知识点进行讲解之后，我们还附加了一些知识链接或扩展阅读，添加了与知识点相关或相对应的小知识，让青少年在享受趣味阅读乐趣的同时也探寻到更多有关现代海上武器的秘密。

现在就让我们翻开本书，一起走进这些蓝色领海保卫者的世界吧。

目录 Contents

Ch1 海上保镖——护卫舰

"江凯"级导弹护卫舰 / 2
"佩里"级护卫舰 / 4
"诺克斯"级护卫舰 / 6
"无畏"级护卫舰 / 8
"南森"级护卫舰 / 10
"勃兰登堡"级护卫舰 / 12
"塔尔瓦尔"级隐形护卫舰 / 13

Ch2 海上多面手——驱逐舰

"哈沃克"号驱逐舰 / 16
"部族"级驱逐舰 / 18
"现代"级驱逐舰 / 20
"德里"级导弹驱逐舰 / 22
"基德"级导弹驱逐舰 / 24

Ch3 海上战斗堡垒——巡洋舰

"提康德罗加"级导弹巡洋舰 / 27
"弗吉尼亚"级导弹巡洋舰 / 29
"莱希"级导弹巡洋舰 / 31
"德梅因"级火炮巡洋舰 / 33
"基洛夫"级战列巡洋舰 / 35
"光荣"级导弹巡洋舰 / 37
"沙恩霍斯特"号 / 巡洋舰 / 39

Ch4 43 海底巡航员——潜艇

"弗吉尼亚"级核动力潜艇 / 44　　"宋"级潜艇 / 52

"鲨鱼"级核动力潜艇 / 47　　"阿穆尔"级潜艇 / 54

"可畏"级核动力潜艇 / 50　　"亲潮"级潜艇 / 57

Ch5 59 战斗英雄——战列舰

"北卡罗来纳"级战列舰 / 60　　"大和"级战列舰 / 66

"依阿华"级战列舰 / 62　　"俾斯麦"级战列舰 / 69

"密苏里"号战列舰 / 64　　"乔治五世国王"级战列舰 / 71

Ch6 73 海上坦克——登陆舰

"欧洲野牛"气垫登陆艇 / 74　　"惠德贝岛"级登陆舰 / 82

"伊万·罗戈夫"级登陆舰 / 76　　"新港"级登陆舰 / 84

"鹿特丹"级突击登陆舰 / 78　　"大隅"号坦克登陆舰 / 86

"闪电"级船坞登陆舰 / 80

目录 Contents

Ch7 海上霸王——航空母舰 88

"暴怒"号航空母舰 / 89

"无敌"级航空母舰 / 91

"阿斯图里斯亲王"号航空母舰 / 93

"乔治·华盛顿"号核动力航空母舰 / 95

"艾森豪威尔"号航空母舰 / 97

"罗斯福"号航空母舰 / 99

"信浓"号航空母舰 / 101

"克莱蒙梭"级航空母舰 / 104

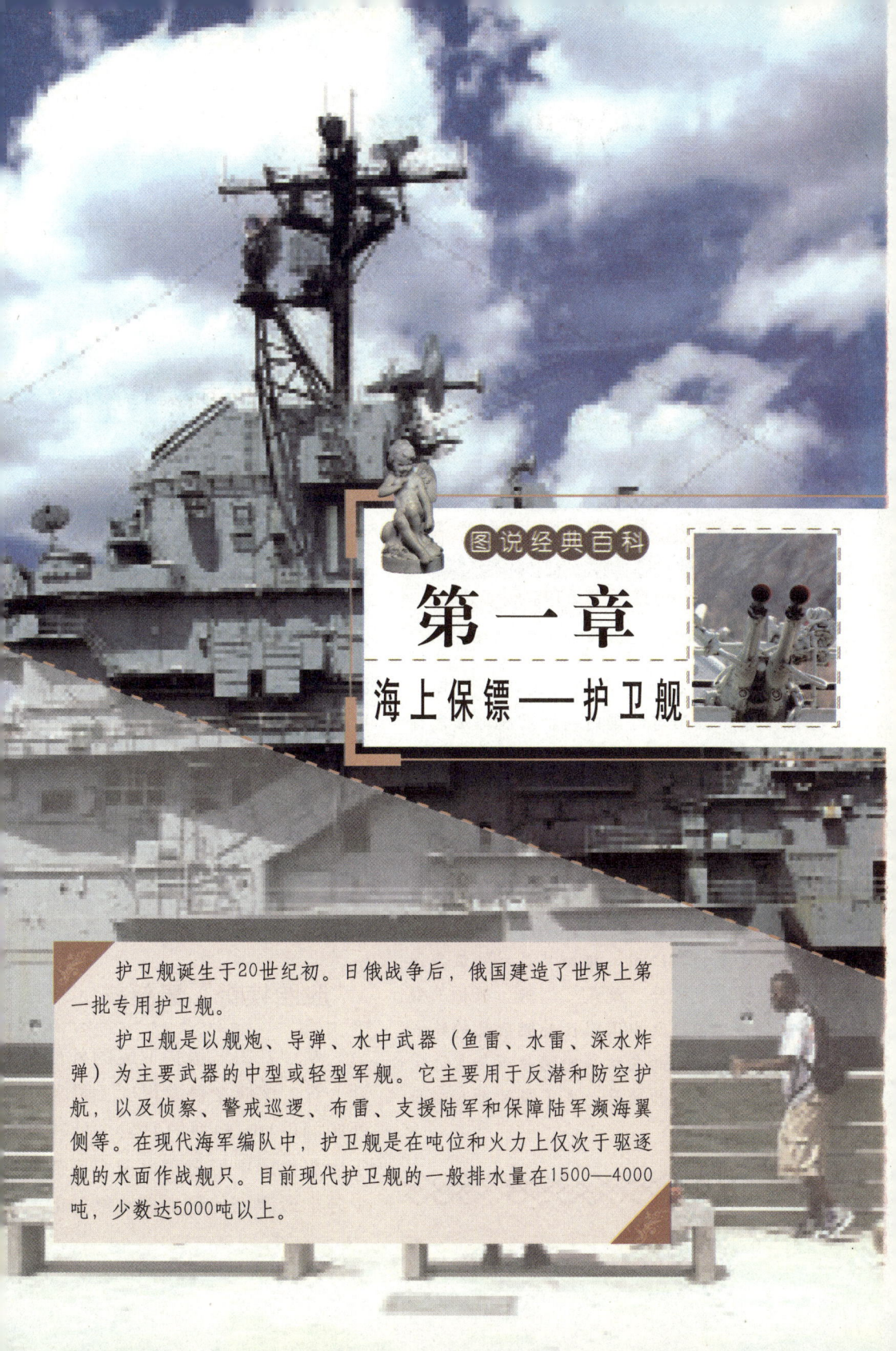

图说经典百科

第一章
海上保镖——护卫舰

护卫舰诞生于20世纪初。日俄战争后,俄国建造了世界上第一批专用护卫舰。

护卫舰是以舰炮、导弹、水中武器(鱼雷、水雷、深水炸弹)为主要武器的中型或轻型军舰。它主要用于反潜和防空护航,以及侦察、警戒巡逻、布雷、支援陆军和保障陆军濒海翼侧等。在现代海军编队中,护卫舰是在吨位和火力上仅次于驱逐舰的水面作战舰只。目前现代护卫舰的一般排水量在1500—4000吨,少数达5000吨以上。

"江凯"级
导弹护卫舰

- ☆ 国籍：中国
- ☆ 服役时间：2005年2月18日
- ☆ 长：132米
- ☆ 宽：15米
- ☆ 标准排水量：3900吨
- ☆ 可搭载舰员：190人

中国海上力量新势力

"江南"级和"江湖"级护卫舰，其反潜与防空能力都较差，防空武器为性能老旧的37毫米手动高射炮，且自动化程度低，不能全天作战，更没有"三防"作战能力。优胜劣汰，2004年一艘设计新颖的护卫舰开始在上海的沪东船厂建造，它就是后来备受外界瞩目的"江凯"级导弹护卫舰。

从严格意义上来讲，"江凯"级护卫舰是我国海军第一艘远洋型多用途导弹护卫舰。该级护卫舰具备了防空、反潜、反舰三防功能，尤其是其反潜性能，可迅速弥补海军水面舰艇的不足。

"脱胎换骨"显新样

从"江凯"级护卫舰的外形设计上看，该舰在很大程度上借鉴了外销的F-16U轻型护卫舰，是2000年后服役的中国海军大型水面舰艇中外形最漂亮、隐身性能最好的一

20世纪70年代，南海局势日益紧张，而当时国内的护卫舰都是民国时期建造的，这些护卫舰的船壳腐蚀严重，船体主机性能极差，虽经多次改造仍无法满足现代海战的需要。鉴于此，中国越来越重视海上力量的发展，一大批新型舰艇逐渐建成服役。这些新型舰艇中除了江南造船厂先后建造的"广州"级和"兰州"级导弹驱逐舰之外，就是"江凯"级护卫舰了。它一改中国以往舰艇杂乱的俄式布局，开始向欧式的隐身布局靠近，其设计新颖前卫，成了当时世人瞩目的焦点。

型。相较于中国前一种自制的"江卫"I型和"江卫"II型护卫舰,"江凯"级护卫舰的进步可用"脱胎换骨"来形容。该舰的外形设计简洁而前卫,完全摆脱了"江湖"系列护卫舰为方便主甲板而将船首部强制性外扬的设计思路。

为了适应远洋作战的需要,该舰采用了短粗肥胖的线形,满载排水量达到了3900吨。这一指标要远大于先前2250吨的"江卫"级。为了避免像"江湖"级上层建筑显得那么拥挤不堪,"江凯"级在设计上将上层建筑融为一体,加大了吨位,空间距离也拉开了。就连舰艇的艏楼、主桅、复合式的后桅以及烟囱的结构都采用了明显的倾斜造型,军舰上的救生艇起重机也用舷墙挡住了。不过与法国"拉斐特"级这样的国外同类产品相比,"江凯"级的设计还有一定的缺陷。例如,在舰体的上层结构使用了大量的栏杆,发射装置也没有采用必要的隐身设计,这些都不可避免地会对该舰的隐身性能造成影响。

"江凯"级护卫舰的前身

"江凯"级护卫舰的前身可追溯到20世纪60年代。

那时候,新中国成立后的中国海军装备护卫舰主要由缴获的敌舰,收编起义舰艇,打捞、修复旧舰及改装的民船组成。这支部队在沿海战斗中边打边建。在20世纪60年代,中国完全依靠自有的工业基础与技术力量自行研究设计制造了一批"江南"级火炮护卫舰,虽然钢材、主机、配套设备不够先进,但却让中国掌握了建造中型水面舰艇的相关技术,积累了很多宝贵的经验,为在其后建造的"江湖"系列护卫舰奠定了坚实的基础。

前进的车轮,生生不息

可以说,"江凯"级护卫舰的出现只不过是中国海军蓬勃发展计划中的冰山一角。我们有理由相信下一代的大型多用途隐身护卫舰会在不远的将来出现在人们的视线当中,并成为中国海军的主打力量,届时它将与已经服役的"广州"级和"兰州"级大型导弹驱逐舰组成中国第一支具备远洋作战能力的舰队。

"江凯"级导弹护卫舰一

"佩里"级护卫舰

- ☆ 国籍：美国
- ☆ 服役时间：1977年11月
- ☆ 长：135.6米
- ☆ 宽：128.1米
- ☆ 吃水：4.5米
- ☆ 标准排水量：3900吨
- ☆ 可搭载舰员：200人

20世纪60年代中期，美国海军的各类战斗舰艇近900艘，多数都已超过20年以上的舰龄，虽然从50年代中期开始了大规模的"舰队更新和现代化改装计划"，但是经现代化改装的老驱逐舰延长的舰龄仍然有限，迫切需要一大批新舰替换老驱逐舰和老护卫舰。

"佩里"级——七年零两个月的等待

20世纪70年代初，美国海军开始实行"高低档舰艇结合"的造舰政策。这一时期陆续建造的"尼米兹"级核动力航母、"塔拉瓦"级两栖攻击舰、核动力巡洋舰、DD963级驱逐舰属于高档的舰艇。同时，也需要一级能大量迅速建造的、造价较低的护卫舰，用以替代将大批退役的老驱逐舰和老护卫舰，这级舰就是"佩里"级(FFG7)导弹护卫舰，它属于大量建造的低档舰艇之一。

FFG7原称巡逻护卫舰PF，1970年9月开始可行性研究；1971年5月完成概念设计，并开始初步设计；1971年12月完成初步设计，1972年4月海军指定巴斯为首舰建造厂，确定Gibbs公司进行分包设计，参加舰船的系统设计；1973年5月由首舰建造厂开始进行施工设计；1973年12月开始建造，1975年6月上船台，1976年9月下水，1977年11月完工服役。从可行性研究到完工服役，历时共七年零两个月。

↑"佩里"级护卫舰

最初的建造

FFG7级护卫舰美国海军订购51艘,澳大利亚海军订购6艘,西班牙海军订购4艘。美国海军的FFG7级绝大部分在80年代服役,多的时候每年完工服役近10艘。

以1982年财政年度的造价为例,每艘造价3.239亿美元。目前现役保留27艘、预备役10艘,余下的转让给其他国家。

"佩里"级护卫舰是一型通用型的导弹护卫舰,其主要使命是为编队提供防空和反潜能力,主要执行以下任务:

1.为航行补给编队、两栖作战编队、军事运输船队和商业运输船队承担防空、反潜和反舰任务。

2.保护重要的海上运输航线。

3.协同其他反潜兵力执行攻势反潜。

"佩里"级所具备的优势

FFG7级护卫舰虽然是美国大批量低造价的"低档舰艇",但它仍不愧为代表先进技术的典型护卫舰。

与同时代的护卫舰相比,"佩里"级具有极其罕见的编队防空能力。从传统意义上来说,其他国家的护卫舰突出的仅是反潜能力。当然,这也是由美海军的实际情况决定的,FFG7设计之初,美军就赋予它为两栖编队和运输船队的区域防空的任务。从美国海军水面舰艇的构成来看,这样的任务也只能由FFG7级来承担,用"高档"的驱逐舰来承担,经济上是不合算的。

但FFG7级所具有的两架SH-60B直升机的远程反潜能力、SQR-19被动拖曳线列阵声呐的探测能力和10枚"鱼叉"反舰导弹的反舰能力,在同时代的护卫舰中非常突出。所以"低档"这个词只是相对美国海军而言。

像FFG7级这样大的远洋护卫舰采用单轴推进系统也是罕见的。单轴推进系统为主推进系统的后勤保障、维修和舰员的培训带来了极大的方便,也降低了FFG7的研制和设计费用,同时也为其服役期间的维护带来很大的好处。

"诺克斯"级护卫舰

- ☆ 国籍：美国
- ☆ 服役时间：1969 年 4 月
- ☆ 长：134米
- ☆ 宽：14.3米
- ☆ 标准排水量：3880吨
- ☆ 可搭载舰员：288人

"诺克斯"级是20世纪60年代中期美国海军建造的，专门对付大洋中苏联核动力的反潜护卫舰。从1965年10月第一艘"诺克斯"号安放龙骨开始，直到1974年最后一艘"莫伊内斯特"号服役为止，美军共建造了46艘。

反潜尖兵

"诺克斯"级护卫舰是美国海军主要的反潜护卫舰，主要是作为航母和战列舰编队外围不可或缺的反潜尖兵，担负编队外围50—150海里的反潜任务。首舰于1965年开工，1969年4月服役，同级舰共有46艘，已于1974年前进入现役。目前，部分舰只已转入预备役或外租。中国台湾地区于1992年开始向美国海军租借和购买已经封存的该级舰8艘，称"济阳"级，主要用于加强反潜能力。

该级舰是美国海军在二战后的第二代护卫舰，是在"加西亚"级护卫舰的基础上改进的。和"加西亚"级相比，"诺克斯"级的舰员居住条件得到了进一步的改善。

到了"诺克斯"级服役的后期，几乎都进行了改装。原来机库后的空白区域装上了"密集阵"6管近防炮或者"海麻雀"防空导弹。由于台湾"阳"字号战舰均为美国第二次世界大战后淘汰的四型驱逐舰，已接近使用年限，新舰难以在短时间内满足需要，台湾于1992年开始向美租借和购买该级舰，总计8艘，称"济阳"级。目前已经全部进入现役阶段。

"诺克斯"级的特征

1.上层建筑较长,顶部两端高,中间低。而后部只有一个粗大的桅杆塔,上部加粗呈桶形,上面架设各种天线。

2.机库后方有大面积直升机平台。

3.前甲板有1座127毫米舰炮,其后为8联装鱼叉(阿斯洛克箱式发射器)。

4.机库上前方是标准的导弹发射系统。

↓"诺克斯"级护卫舰一角

"无畏"级护卫舰

- ☆ 国籍：俄罗斯
- ☆ 服役时间：1993年1月
- ☆ 长：131.2米
- ☆ 宽：15.5米
- ☆ 标准排水量：3450吨
- ☆ 可搭载舰员：210人

"无畏"级是世界上首批隐形护卫舰之一，也是俄罗斯海军充分吸取"克里瓦克"级护卫舰的经验教训研制的新一代护卫舰，舰上既安装了适应现代海战要求的武器系统和电子设备，又进行了合理的布局和精心的设计。

新形势下诞生的"无畏"级

"无畏"级的设计最早开始于20世纪70年代中期，产品代号为1154，当时"克里瓦克"级(代号1135)的建造已接近尾声，海军希望设计建造一级新的护卫舰，在反潜、反舰和对空武器的配置方面更加合理，改进原"克里瓦克"级没有舰载直升机系统的缺陷，并能改进"克里瓦克"级在适航性、内部容积和指挥控制设施方面的不足。

由于在发展"无畏"级的一些系统方面遇到的困难，该级舰的设计比原计划时间推迟了约5年。据"美国国防情况报告"报道，"无畏"级上装备的反舰导弹和反潜导弹原来都是用于潜艇的，从潜艇的650毫米鱼雷发射管发射。为了用于"无畏"级，改为从固定式拘鱼雷弹射器上发射。"无畏"级的新装备还包括综合声呐系统和一套很先进的、全分布式的综合指挥系统。

历经挫折的"无畏"级

"无畏"级的主要使命是反潜和反舰，在离俄罗斯沿海不远的高威胁区执行反潜和反舰任务，与

"现代"级和"勇敢"级驱逐舰编队执行远洋作战任务。但在对空作战方面只具有防御能力。

"无畏"级原打算作为"克里瓦克"级以后的新一代护卫舰,计划建造数量也较多,但由于设计技术等问题,加上接下来出现的苏联解体和俄罗斯遭遇的经济危机,使该级舰的发展计划受到了严重的影响。首舰"无畏"号于1986年4月开工,1988年5月才下水,1989年12月开始试航,直到1993年1月才正式服役,光海上试航和武器系统的试验前后就花了4年多。

首批舰原已开324艘,其中2、3号舰分别于1988年5月和1990年9月开始建造,分别于1991年5月和1993年7月下水。到了1998年10月,建造厂"扬塔船厂"宣布2号舰已报废卖掉抵债,3号舰下水后没有再进行任何工作。

↓"无畏"级护卫舰

"南森"级
护卫舰

- ☆ 国籍：挪威
- ☆ 长：132米
- ☆ 宽：16.8米
- ☆ 标准排水量：5290吨

"南森"级护卫舰曾经是挪威海军装备的最大军舰，主要使命是搜索、探测、识别和攻击敌方潜艇，保护挪威的领土、领海、管辖海域以及海洋资源和设施不受侵犯；参与国际海上军事行动；承担非战斗使命，如抢险救灾等。它是以反潜为主，可执行多种作战任务的多用途护卫舰。

军舰中的精英

"南森"级采用模块化设计，全舰由24个模块组成，钢焊接的单船体结构，有5层甲板和两组上层建筑，分为13个水密隔舱。在设计过程中，巴赞公司基于在流体力学研究方面的成果，对船体在稳定性、适航性和操纵性方面进行了优化设计，使其性能更加优越。满足了在北欧海域，如北海、挪威海等恶劣海况下的航行要求。

维京人的宙斯盾

"南森"级是迄今为止所有装备宙斯盾防空系统的军舰中吨位最小的。因此，被称为"迷你盾"或"袖珍宙斯盾"。由于"南森"级是北欧国家挪威的军舰，因而又被称作"维京人的宙斯盾"，另外，高度的生存性也是在"南森"级设计中的一个重要目标。

可"隐身"的护卫舰

欧洲在造舰热潮中无论是建造新型护卫舰还是驱逐舰，都会为了生存性而特别考虑到隐形方面的设计。"南森"级最终也被设计者确定了最主要的两点：隐身性和抗损性。

在隐身性方面综合采用了多种隐身技术，以减少各种物理信号的辐射干扰，降低被发现和识别的概率。如对外部轮廓、顶部和水线下船体进行了一体化结构的精心设计；基于F100型护卫舰的研制经验，在船体附体和推进装置方面的优化设计，也降低了"南森"级的水动力噪声；通过使用噪声屏蔽罩等多种专业设备，把水下噪音辐射降到最低，从而变成一级安静型护卫舰；另外，还使用了红外抑止系统、舰面喷淋系统和消磁系统，极大程度地减弱了"南森"级的红外特征和磁场特征，使"南森"级能够更好地完成反潜任务，可以说是"青出于蓝而胜于蓝"。

强硬的生存力

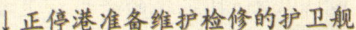

抗损性则与排水、抗沉性、系统隔离、冗余性、损害预防和损管相联系。在这些方面主要通过采取相应的措施，如对关键结构采取加固措施以增强抗打击性，针对被雷弹命中的后果对主要控制舱室采取了专门的防护措施，舰上设置4个损管站，具有核生化防护能力，2个隔舱进水仍具有机动性，3个隔舱进水仍可保证电力供应等，从而将舰艇的易损性降到最低，保证了在战斗中具有的高生存性。

↓正停港准备维护检修的护卫舰

"勃兰登堡"级
护卫舰

- ☆ 国籍：德国
- ☆ 服役时间：1995年3月
- ☆ 长：138.9米
- ☆ 宽：16.7米
- ☆ 吃水：7.4米
- ☆ 标准排水量：4500吨

"勃兰登堡"级护卫舰是德国海军1995年3月服役的新型护卫舰。该级舰基本上是仿照"不莱梅"级舰设计、改进而成的，主要用来取代"汉堡"级防空型驱逐舰。该级舰由于采用了诸多最新技术，因而具备不少90年代护卫舰的特征：采用模块化设计，该级舰的武器和电子设备采用了标准尺寸和接口的功能模块，同型的功能模块可以互换。

后备力量强大的"勃兰登堡"级

"勃兰登堡"级可以搭载较多的武器装备，并为进一步改装提供了基础。该级舰武器装备众多、火力强，其中最突出的是防空武器。共有两个MK-41发射装置，每个发射装置可装8枚"北约海麻雀"舰空导弹。上述发射系统的重量不及原来"海麻雀"导弹发射系统重量的一半，所占空间小，且采购费用便宜。更重要的是这种发射方式可全方位发射。舰上还装有一座"拉姆"点防御舰空导弹(可用于拦截各种掠海飞行的反舰导弹和低空飞机，不仅可以单射，而且可以齐射，还可以重复装填，有利于对付密集型攻击)、两座双联装MK-32反潜鱼雷发射管、1门"梅莱拉"76毫米火炮，以及两架"山猫"直升机。

该级舰探测系统、指控系统及电子战系统装置齐备，性能突出。

"塔尔瓦尔"级
隐形护卫舰

- ☆ 国籍：印度
- ☆ 长：132米
- ☆ 宽：16.8米
- ☆ 排水量：5290吨

"塔尔瓦尔"级隐形护卫舰是按照1998年7月21日印度和俄罗斯之间所签署的建造合同而生产的，它的母型是俄罗斯"克里瓦克"Ⅲ级护卫舰。"克里瓦克"Ⅲ级护卫舰是苏联20世纪70年代建造的一级多用途护卫舰，具有较强的对空、对舰及反潜能力，因此，印度看中了它并要求俄在其基础上进一步增强作战能力，特别提出要提高舰艇的隐身性，使其成为一种隐身护卫舰。

"控制了印度洋"的隐身护卫舰

2003年6月18日，在俄罗斯圣彼得堡港，印度海军参谋塔辛格正式代表印度接收了由俄罗斯为其建造的"塔尔瓦尔"级导弹护卫舰首舰"塔尔瓦尔"号（F40），结束了该级舰长达5年之久的建造。

"塔尔瓦尔"级隐形护卫舰的服役不仅使印度成为南亚唯一拥有隐身护卫舰的国家，还使其水面舰艇的远洋作战能力得到了较大的提高。

由于印度长期以来始终坚定不移地执行着"控制印度洋"的战略目标，20世纪90年代后，其海军也确立了"沿海防御——区域控制——远洋进攻"的发展思路，提出发展一支大型远洋舰队，逐步完善战略计划。但随着作战任务的不断改变，现有的海军装备已满足不了未来新的作战需求。因此，从20世纪80年代中后期开始，印度制订了一系列关于新型舰艇的建造计划，其中最主要的就是印度自研的"德里"级驱逐舰以及向俄罗斯定购的"塔尔瓦尔"级护卫舰。

1998年7月21日，印度与俄罗斯签订了关于俄为其建造3艘改进型"克里瓦克"Ⅲ级护卫舰的合同，并将新建的护卫舰称为"塔尔瓦尔"级导弹护卫舰，合同总金额近10亿美元，平均每艘达3亿多美元。

强大的反舰、防空及反潜能力

印度为什么会要求俄为其建造改进型的护卫舰？俄罗斯原有的"克里瓦克"Ⅲ级护卫舰与俄其他舰艇一样，设计时完全没有想到舰艇的隐身性，各种武器及雷达电子设备堆叠在舰体表面，不仅显得非常杂乱，而且灵敏度也相当低，舰艇几乎没有什么隐身性能可言。而"塔尔瓦尔"级则在其基础上重新设计了舰体外形及舰上武器系统的布置。

相对于"克里瓦克"Ⅲ级护卫舰，"塔尔瓦尔"级舰体外表光滑整洁，舰体是近年来世界上流行的长首楼甲板、方尾舰型，长宽大约在8.3米左右，虽然在一定程度上增加了舰艇航行时的阻力，影响航速，却在另一方面减轻了舰体的横摇和纵摇，增强了舰体的稳定性和耐波性，适合在中远海及高海况条件下航行及作战。舰体后有一座直升机机库，舰首为加有防浪板的大倾斜舰首，可避免前甲板被海浪淹湿，以适应在海况恶劣的印度洋航行作战。整个船体具有很大的外张度，并且所有的外壁尽量避免采用垂直面，烟囱内装有海水降温系统，可有效减少红外辐射，这一切都在很大程度上减少了其舰体自身雷达反射面积及红外特征。所有这些改进使"塔尔瓦尔"级已具备了现代护卫舰的特征，与"克里瓦克"Ⅲ级有了明显的不同。

"塔尔瓦尔"级上所使用的舰载武器基本上都是俄新研制的，有些甚至连俄海军自己还没有装备，因此，其综合作战能力已全面超越了母型"克里瓦克"Ⅲ级护卫舰。全舰武器系统可分为导弹系统、火炮系统、反潜系统三部分，具有很强的反舰、防空及反潜能力。

↓"塔尔瓦尔"级隐形护卫舰

图说经典百科

第二章
海上多面手——驱逐舰

驱逐舰是以导弹、鱼雷、舰炮等为主要武器,具有多种作战能力的中型军舰。它是海军舰队中突击力较强的舰种之一,用于攻击潜艇和水面舰船,舰队防空以及护航、侦察巡逻警戒,布雷、袭击岸上目标等。20世纪50年代后,驱逐舰因具有灵活性和多功能性,而备受各国海军的重视,逐渐向导弹化、电子化、指挥自动化的方向发展,功能已经相当于一艘轻型巡洋舰了。

"哈沃克"号驱逐舰

- ☆ 国籍：英国
- ☆ 长：56.4米
- ☆ 宽：5.6米
- ☆ 标准排水量：275吨
- ☆ 可搭载人员：181人

19世纪90年代，蒸汽动力装置有了新的进步，英国海军想建造一种战斗力强，航速快，能有效对付鱼雷艇的军舰。1893年，"哈沃克"和"霍内特"号鱼雷艇驱逐舰下水了，排水量275吨，艇速50千米/小时，装有4门舰炮和3座鱼雷发射管，这是世界上最早的驱逐舰，也是当时最快的军舰。此后，各国海军纷纷建造驱逐舰，并加大吨位，增强火力，提高续航能力，使其具有更强的作战能力。

"鱼雷炮舰"——驱逐舰的"前身"

19世纪70年代，出现了能在水中航行攻击敌舰的鱼雷和以鱼雷为武器的快速小艇——鱼雷艇。一般只有几十吨的鱼雷艇就可以击沉上千吨、火力强大的装甲舰，这对作为各国海军主力的装甲舰构成了严重的威胁。于是人们便建造了比鱼雷艇稍大，装有舰炮的舰艇。用它来阻击和追歼鱼雷艇，掩护己方的大舰，并给它也装上鱼雷，具有攻击敌方大舰的能力。

19世纪末，鱼雷已发展成为一种全新的水中兵器，其航速可达27节以上。于是，一种专门用来发射鱼雷的小艇——鱼雷艇于1877年在英国诞生。鱼雷艇的出现，直接威胁到了大型舰艇，也立刻引起了世界各国海军的注意。如何对付这种小型、灵便、快速而又具有极大杀伤力的轻型海上"杀手"，一时间成为各国海军研究的新课题。

这种具有"双重性格"的舰艇便是诞生于19世纪80年代驱逐舰的前身，也叫鱼雷炮舰。但是由于当

↓"哈沃克"号驱逐舰

时技术条件的限制，鱼雷炮舰的航速只有约37千米/小时，而当时鱼雷艇的航速已达40千米/小时以上，这就使鱼雷炮舰难以追歼鱼雷艇。

"魔"高一尺"道"高一丈

有攻必有防，人们想到了建造一种反鱼雷艇的新型舰艇。这种舰艇要比鱼雷艇大，能装几门小口径速射炮，速度要比鱼雷艇快，同时还能发射鱼雷。这样，当敌方的鱼雷艇向自己的大型舰艇发起攻击时，这种新型舰艇就能追捕来袭的敌方鱼雷艇，并用火炮将它摧毁，同时还可用自备的鱼雷攻击敌方的大型舰艇。这种攻防兼备的新型"鱼雷艇捕捉舰"就是当时驱逐舰的前身。

"部族"级驱逐舰

- ☆ 国籍：英国
- ☆ 服役时间：1938年
- ☆ 长：115米
- ☆ 宽：12米
- ☆ 标准排水量：1959吨
- ☆ 舰员：190人

"部族"级驱逐舰是二战中英国皇家海军最著名的一级驱逐舰，虽然它比以前建造的舰队驱逐舰拥有更多的武器设备和更强的系统，但在实际使用时却和普通驱逐舰没什么两样。

艰苦奋战在第一线的"部族"

"部族"级驱逐舰自1938年开始服役，长年奋战在艰苦的第一线。"部族"级驱逐舰的设计目的是对抗其他国家的大型驱逐舰，例如日本的"吹雪"级。20世纪30年代，英国海军发现自身舰队驱逐舰的标准已经落后于其他国家正在建造或已经服役的新型驱逐舰。日本的特型（"吹雪"级）驱逐舰、意大利的"航海家"级、法国的"空想"级和美国的"波特"级都拥有更多更强的火炮和鱼雷，在拥有高速的同时排水量还能达到1750—2500吨。

1934年下半年，新型驱逐舰的设计被正式提出，它要求拥有更强力的武装以应付水面战斗，执行包括巡逻、追击、包抄，对驱逐舰中队的近距离支援，与巡洋舰共同执行侦察和护航的任务。

1935年11月，英国海军部最终批准通过了最后的设计方案。

最漂亮的船舰——"部族"级

该舰上拥有一个相当好的炮盾，炮塔后部敞开。射速为12发/分，设计上可以对空射击但最高仰角只有40度。总计备弹2400发，其中400发高炮弹，400发照明弹。

舰体顶部设有标准的驱逐舰型指挥控制塔，仅用做对海陆火力的指挥。同时也装有测距仪，在对海陆发动攻击时，测距仪仅仅用做测距，而在对空射击时则变成了测距和瞄准两用设备。

"部族"级的动力装置相当可靠，能够维持长时间的高速行驶，但由于锅炉蒸汽温度和压力较低，与其他国家的新型驱逐舰比起来，其功率和经济性仍然较差。为此曾想到过再增加一台发动机，却因为这样会让军舰全长增加9米左右，导致排水量大幅上升而放弃。最终的设计已经尽可能地满足条约中1850吨的排水量限制。

不过，在1940年的挪威战役中"部族"级仅有40度仰角的主炮防空能力明显低下，尤其是在面对俯冲轰炸机时简直就是脆弱到不堪一击。而轻型防空武器的缺点也全部暴露了出来：四联装12.7毫米机枪在实战中射程和威力都很小；四联装炮射程太短，射速太慢。

根据在挪威战役和敦刻尔克获得的经验，"部族"级在整修时将仰角40度的火炮换成了最大仰角为80度的火炮，在远程防空方面证明是一种相当有效的武器。与此同时，新型防空装备开始陆续装上"部族"级。

而在战争结束前，当时最流行的40毫米博福斯炮也在"部族"级上出现了。

至1942年，经过3年的艰苦作战后，各艘"部族"级驱逐舰在舰体受力最大的地方或多或少都出现了裂纹，各舰在进行整修的时候都对这个部位进行了特殊补修。

以往在英国海军建造的驱逐舰中，每一级都会造一艘尺寸、排水量较大，装备不同武器的舰只来作为驱逐领舰，而"部族"级取消了这个做法，领舰与其余舰只在尺寸、排水量和武备上没有任何差别，仅在舰员编制上有所不同。更值得一提的是，"部族"级的设计师科尔还考虑到舰艇的外观，他认为一艘漂亮的军舰会提高舰员的自豪感。许多人都认为"部族"级是二战中最漂亮的英国驱逐舰。

↓官兵们在"部族"级驱逐舰上

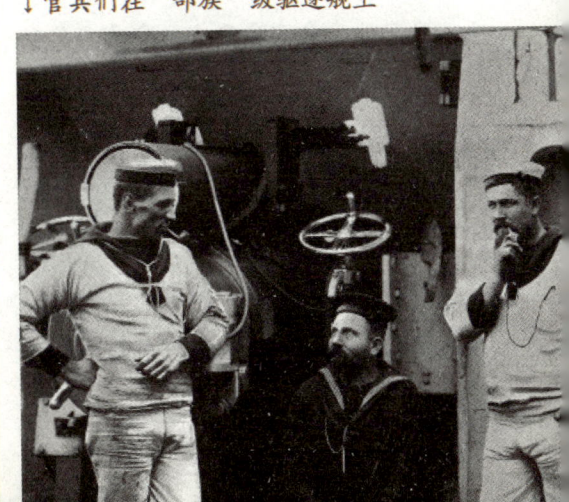

"现代"级驱逐舰

- ☆ 国籍：俄罗斯
- ☆ 服役时间：1985年
- ☆ 长：156.5米
- ☆ 宽：17.2米
- ☆ 标准排水量：6500吨
- ☆ 舰员编制：296人

"现代"级驱逐舰是苏联开发建造的驱逐舰，它是一种先进的大型水面战舰，最大排水量达8480吨，大小与美国海军的"提康德罗加"级宙斯盾导弹巡洋舰相仿。该舰装备了一架反潜直升机、48枚防空导弹、8枚反舰导弹，还有鱼雷、水雷、远程舰炮和复杂的电子战系统。

有分量的"现代"级

"现代"级的第一艘"现代"号，于1985年进入苏联海军服役。该舰由俄罗斯圣彼得堡的北方造船厂制造，共为俄罗斯海军制造了18艘，目前只有其中的11艘为俄海军现役舰艇，另外6艘已没有作战能力，另有一艘还没有加入俄海军现役。此外，俄罗斯还在20世纪末向中国出口了四艘该级驱逐舰的改进型号。

带着潮流向"后"走

"现代"级采用的传统蒸汽锅炉驱动蒸汽轮机为动力，令西方海军观察家大吃一惊。因为那个时候西方各国在很久以前就已经停止建造使用蒸汽轮机的驱逐舰，他们的动力都来自于燃气轮机。而苏联曾经造出世界上第一艘燃气轮机军舰——"61型"大型反潜舰（"卡辛"级），技术遥遥领先于西方各国，"现代"级自己却又重新回到使用蒸汽锅炉的时代，因此人们笑称"现代"级是"逆时代潮流"的驱逐舰。

那么"现代"级为什么会在引

领着"驱逐舰动力系统"走向更好的时候,自己却又退回了过去呢?难道是它在跟世界开玩笑吗?

对于这种情况,当时出现了很多的猜测。最后答案却让人哭笑不得。原来,"现代"级的建造船厂北方造船厂同时也是专门钻研蒸汽动力技术的蒸汽锅炉和蒸汽轮机制造厂。担任很多蒸汽动力舰艇建造的该厂,坚持与"流行的尖端科技"背道而驰,依然继续建造了"肯达"级导弹巡洋舰,"卡拉"级巡洋舰等很多以蒸汽轮机为动力的舰艇。当然这个厂也承担了许多建造核动力水面舰艇的任务,因为核反应堆只能驱动蒸汽轮机,而不是燃气轮机。

北方造船厂知道,如果"现代"也和各国海军一样使用燃气轮机的话,他们就必须关闭蒸汽锅炉制造厂的生产线,从而导致大量失业和损失。加上如果他们与大型反潜舰同时大量建造的话,就可能出现燃气轮机数量不足以及赶不上进度的隐忧。而苏联缺乏供燃气轮机使用的燃料(轻油)也是一个主要原因。综合以上原因,他们决定还是让"现代"级的动力系统"回到过去"。

然而,无巧不成书,苏联解体后,由于极度的财政困难和人手严重不足,而燃气轮机的构造复杂,难以维护。这些"逆时代潮流"的蒸汽动力舰不需要太多人维护依旧可以大量保持现役、维持战斗力,其以重油为燃料的蒸汽动力舰也可以减少珍贵的轻油使用量,减轻了俄罗斯海军不少负担。

而使用燃气轮机动力维持相同功能的舰艇就像是到了地狱一般,军方终于知道如果蒸汽动力舰彻底消失,恐怕军事规模会越来越小。

↓"现代"级驱逐舰

"德里"级导弹驱逐舰

- ☆ 国籍：印度
- ☆ 长：163米
- ☆ 宽：17米
- ☆ 标准排水量：5900吨
- ☆ 搭载人员：360人

印度最大战舰

20世纪80年代中期，印度海军准备对其陈旧的水面舰艇进行更新，并借此机会提高本国的造船水平，因此提出了"15号计划"，它的中心内容就是建造一级多用途导弹驱逐舰。1986年3月，该计划获得批准，这就是后来的"德里"级驱逐舰，"德里"级共计划建3艘，首艘为"德里"号，第二艘是"迈索尔"号，第三艘是"孟买"号。"德里"级驱逐舰是至今为止印度自行建造的最大战舰。

印度海军赋予该级舰的使命是保卫印度领海、岛屿和200海里专属经济区，确保印度的海上贸易自由。要求其能够单独行驶在中、近海或协同其他兵力消灭敌水面舰艇及登陆运输船队，参加反潜行动，破坏和压制敌岸上目标等行动。它将与印度海军的航空母舰一起构成水面舰艇编队的核心力量，这也是印度海军向远洋迈进的重要一步。

"超人"战舰

"德里"级在设计过程中大量借鉴了俄罗斯的经验。它基本采用了印度海军现役的"拉吉普特"级（即苏联的"卡辛Ⅱ"级）驱逐舰的结构，并融入了"戈达瓦里"级护卫舰的部分特点，在外形设计上尽量避免舰体出现尖锐的角度，减少雷达反射面积，但它并没有像美国的"伯克"级那样刻意追求隐身效果。

"德里"级舰的反舰能力是相当强的,舰上装有4座四联装"天王星"反舰导弹发射装置,共备弹16枚,这个数量在各国驱逐舰中都算是多的。导弹为体积小、重量轻、隐身好的俄制kh-35型,最小射程5千米,最大射程130千米,飞行高度15—20米,攻击时则降为3—5米。另外,在舰首的位置还装有1门100米高平两用炮,该炮射程20千米,可打击海上、陆上、空中目标。

从防空角度看,"德里"级搭载的两座俄制"无风"单臂中程防空导弹发射装置,其射程为25千米,半主动雷达制导,有拦截掠海飞行目标的能力。整个系统可同时探测75个目标,并跟踪其中15个,根据目标类型不同,还可同时打击2—12个目标,系统反应时间不超过16秒。而在最重要的反潜任务中,"海王mk-42b"担当了主要角色,该机装有特殊声学信号处理器、电子支援系统等设备。运用反潜鱼雷和深水炸弹进行对潜、对舰攻击。

印度海军发展的里程碑

"德里"级导弹驱逐舰具有较强的防空、反潜、反舰的作战能力,在它的身上充分体现出了印度海军水面舰艇大型化、导弹化、电子化和直升机化的发展趋势。虽然该级舰的整体作战水平在世界海军中只能算一般,但这毕竟是印度海军迈向主战舰艇国产化的关键一步,既增强了其海军作战实力,又促进了国内的造舰水平,"德里"级驱逐舰在印度海军发展进程中具有重要的意义。

↓"德里"级导弹驱逐舰

"基德"级导弹驱逐舰

- ☆ 国籍：美国
- ☆ 长：171.7米
- ☆ 宽：16.8米
- ☆ 标准排水量：6950吨
- ☆ 人员编制：346人

世界上第一艘导弹驱逐舰是美国于1953年建造的"米切尔"号驱逐舰，它的排水量为5200吨，装备"鞑靼人"防空导弹。最早装备反舰和反潜导弹的驱逐舰是美国于1958年下水的"孔茨"号导弹驱逐舰。

是敌人还是朋友

"基德"级导弹驱逐舰共四艘，原本是为了售给友好时期的伊朗海军所建造的。它结合了"弗吉尼亚"级巡洋舰的作战系统与"斯普鲁恩斯"级驱逐舰的反潜作战能力，在美国海军的战舰中非常独特。虽然在"斯普鲁恩斯"级的原始设计中，本身就存在着反潜型与防空型，但当时美国海军已经将注意力转移到性能更佳的"提康德罗加"级宙斯盾巡洋舰上了。

知识链接

F-14"雄猫"战斗机

F-14"雄猫"战斗机是最受军事迷喜欢的一款战斗机，他们通常亲切地称它为"雄猫"。"雄猫"除了有超酷绝美的造型外，还拥有强大的战斗力。F-14"雄猫"战斗机搭载了导弹"不死鸟"，是将"决胜于千里之外"这句战略名句彻底实现的代表性武器。

1974年，伊朗亲美的巴列维王朝在美国影响力相当大，也是唯一获得美国出口F-14"雄猫"战斗机的国家。这种战舰专门用于波斯湾的军事行动中，因此它的空调系统非常出色。

"基德"级导弹驱逐舰上装备了标准的防空导弹系统，以便更好地服务于波斯湾的各项防空任务。首舰于1978年6月开工。就在1979年这四艘驱逐舰完工之际，巴列维王朝突然被推翻，新政权执行激进的反美政策，与美国的外交关系也迅速恶化。新政权拒绝接收这四艘导弹驱逐舰，美国政府也不愿意对其出售武器，将所有对伊朗的军事交易全部停止。

这样，美国海军只能自己将这批导弹驱逐舰收购，于20世纪80年代初期投入到海军舰队。

船舰名字的来源

首舰"基德"号是以在珍珠港事件中阵亡于"亚利桑那"号战列舰上的指挥官艾萨克·基德少将命名，二号舰"考拉汗"号与三号舰"斯考特"号则是为了纪念在1943年年底第三次所罗门海战中阵亡的两位美国海军少将。

1998年至1999年间"基德"级导弹驱逐舰从美国海军中陆续提前退役封存，2003年又启封整修，新买主是中国台湾，又称为"基隆"级驱逐舰。

↓"基德"级导弹驱逐舰

图说经典百科

第三章

海上战斗堡垒——巡洋舰

巡洋舰在海军作战舰艇大家族中,是一个历史悠久的重要舰种,它曾在过去长期的海上军事及战争史上谱就一曲曲震撼人心的雄浑乐章,并将在今天和未来,继续在蔚蓝色的海洋舞台上扮演极其重要的角色。巡洋舰是一种在远洋活动中拥有多用途的大型水面舰艇,具有较高的航速和适航性,在恶劣的气候条件下也能进行长时间的远洋作战。

"提康德罗加"级
导弹巡洋舰

- ☆ 国籍：美国
- ☆ 长：172.8米
- ☆ 宽：16.8米
- ☆ 标准排水：9590吨
- ☆ 舰员：358人

充满战斗力和生命力的战舰

"提康德罗加"级导弹巡洋舰是美国海军首次装备"宙斯盾"系统的水面舰艇。"宙斯盾"系统的前身称为"先进的水面导弹系统"（简称ASMS），ASMS计划是在1963年11月提出来的，当时主要是为了对付80年代的空中威胁，准备取代"黄铜骑士""小猎犬"和"鞑靼"三种舰对空导弹。1996年12月美国无线电公司得到了这个项目，将ASMS正式命名为"宙斯盾"系统。

美国海军现役的巡洋舰全部是"提康德罗加"级巡洋舰，共27艘，使美国现役巡洋舰全部实现了信息化，通过先进的"宙斯盾"系统和数据链系统，能够方便地与航空母舰、潜艇、驱逐舰、护卫舰和海军航空兵进行互通、互联、互操作，从而形成团队作战，同时，"提康德罗加"级巡洋舰上的多用途垂直发射系统不仅

美国海军建造的导弹巡洋舰"提康德罗加"可以说是名震天下，人们也给了它很多很高的评价，例如"当代最先进的巡洋舰""具有划时代的战斗力和生命力"等。而这些超高的评价都来源于它装备的极为先进的"宙斯盾"防空系统。这种系统反应速度快，抗干扰性能强，有强大的攻击和反击能力，可综合指挥舰上的各种武器，同时拦截来自空中、水面和水下的多个目标，还可对目标威胁进行自动评估，从而优先击毁对自身威胁最大的目标。

能完成防空、反舰、反潜等综合功能，还能提供强大的对地攻击作战能力。

英雄是位全能冠军

"提康德罗加"级巡洋舰在海湾战争中发挥了重要的作用，在各个舰艇编队中都有该级舰参加，总数达10艘以上。其中两艘分别作为多国部队波斯湾编队和红海编队的防空指挥舰；该级舰在用"战斧"式巡航导弹攻击伊拉克的重要岸上目标中发挥了重要的作用。

"提康德罗加"级宙斯盾导弹巡洋舰携载有性能优良的反舰导弹、反潜导弹和反潜直升机等武器系统，因而该级舰具有极强的作战能力。由于舰艇携载导弹数量多，作战范围大，舰艇的攻击力和灵活力得以成倍地提高。"提康德罗加"级宙斯盾导弹巡洋舰是综合作战能力极强的导弹巡洋舰，是美国海军最具代表性的舰艇之一。

↓ "提康德罗加"级导弹巡洋舰

"弗吉尼亚"级
导弹巡洋舰

- ☆ 国籍：美国
- ☆ 服役时间：1976年9月
- ☆ 长：178.3米
- ☆ 宽：19.2米
- ☆ 标准排水量：11300吨

美国海军的强大武器

这级舰的主要任务是与核动力航母一起组成强大的特混编队，在危机发生时迅速开赴指定海域，为航母编队提供远程防空、反潜和反舰保护，同时也为两栖作战提供支援。它是第一艘全综合指挥与可控制的导弹巡洋舰，具有独立或协同其他舰艇对付空中、水下和水面威胁的作战能力，可在全球范围内执行各种作战任务。

20世纪60至70年代，随着"尼米兹"级核动力航母的研制成功和陆续服役，美国海军仅有的3艘核动力巡洋舰已无法满足需要。为此，美国海军提出了发展"加利福尼亚"级和"弗吉尼亚"级核动力导弹巡洋舰的计划。其中，"弗吉尼亚"级共建造了4艘，分别为"弗吉尼亚"号、"得克萨斯"号、"密西西比"号和"阿肯色"号。"弗吉尼亚"级是美国海军第四级、也是迄今最后一级核动力导弹巡洋舰，因此成为美国海军的"绝唱"。

永远的光荣

"弗吉尼亚"级舰全舰呈细长形状，舰首部也较长，尾部则为凸式方形尾。它的上层建筑分为首尾两部分，中间由一个甲板室相连。首部为桥楼甲板，上方有一个锥形的塔桅，里面安装了电子设备。舰桥设在舰长室的前方，靠近作战情报指挥中心，便于作战指挥。舰尾部末端是直升机飞行甲

板，甲板下方的舰体内部是一个机库。机库采用套筒式机库盖，是美国海军战后第一艘采用舰体机库的巡洋舰。

虽然没有强大的"宙斯盾"和VLS系统，且"弗吉尼亚"级的作战能力也略低于"提康德罗加"级，但作为美国海军核动力导弹巡洋舰的最后"绝唱"，它还是有足够实力为美国争光荣。

> **知识链接**
>
> **VLS系统**
>
> VLS是指垂直发射系统。这是一种导弹发射系统，在许多国家海军比较先进的驱逐舰、巡洋舰、护卫舰、攻击潜艇、导弹潜艇上都配备有这种导弹发射系统。由于导弹从储存、待发射直到发射始终都是处于垂直状态的，故称之为"垂直发射系统"。这种导弹垂直发射方式和发射系统最先是在弹道导弹战略核动力上开始采用的，后来因为诸多优点便逐渐标准化并应用到各类其他作战舰艇上。

↓巡洋舰

"莱希"级导弹巡洋舰

- ☆ 国籍：美国
- ☆ 服役时间：1962年8月
- ☆ 长：162.5米
- ☆ 宽：16.6米
- ☆ 标准排水量：5670吨

美国"莱希"级导弹巡洋舰共建有9艘，首制舰"莱希"号于1959年12月动工，1961年7月下水服役。该级中的"里夫斯"号1986年曾来我国青岛访问。

可支援两栖作战的导弹巡洋舰

该级舰采用长艏楼舰型，艏部平直倾斜，艏部下方设有球鼻首声呐导流罩。为了防止烟害对武器和电子设备的腐蚀，"莱希"级首次采用烟囱和桅杆一体化结构。

该级舰长162.5米，宽16.6米，吃水7.6米，标准排水量5670吨，满载排水量8203吨；动力装置采用2台蒸汽轮机，蒸汽轮机使用了铬钼和镍合金钢材料，适合在高温、高压的恶劣环境下工作，且重量较轻、可靠性较好。"莱希"级舰上舰空、舰舰和反潜导弹一应俱全：2座四联装"鱼叉"舰舰导弹、2座MK-10型SM-2ER"标准"舰空导弹、1座八联装MK-16"阿斯洛克"反潜导弹，同时在舰中部两侧还布置了2座MK-32型鱼雷发射装置。此外，设有2座30毫米"密集阵"近程防御武器系统。该级舰电子设备齐全，通信能力强。

"莱希"级作为航空母舰编队的组成部分之一，其首要使命是防空作战，其次是反潜，同时可用于支援两栖作战。

"贝尔纳普"级与"莱希"级

"贝尔纳普"级是在"莱希"级的基础上改进发展而成的。两者在舰体线形、结构、动力装置等方面完全相同,但舰艏部装设的武器差别较大:"贝尔纳普"级装1门127毫米大口径舰炮,而"莱希"级则为双联装导弹发射架。

"贝尔纳普"级共建造了9艘,首制舰"贝尔纳普"号1962年2月动工兴建,1964年11月服役。最初,美国海军将该级舰定为导弹护卫舰,从1975年6月30日起改称为导弹巡洋舰。

该级舰长166.7米,宽16.7米,吃水88米;标准排水量6570吨,满载排水量8575吨,动力装置采用2台蒸汽轮机,最大航速32.5节。舰上武器装备精良,共有2座四联装"鱼叉"舰对舰导弹、1座双联MK-10型导弹发射架(可发射"标准"SM-2ER舰空导弹或"阿斯洛克"反潜导弹)、2座"密集阵"近程武器系统、1门127毫米舰炮,以及箔条式干扰火箭发射器。该级舰的电子设备性能也十分先进,有多部对空、对海雷达及电子战系统等。此外,舰上还搭载有1架"拉姆普斯"反潜直升机。

"贝尔纳普"级各舰自服役以来,其中不少舰实施了"新威胁改进"计划,着重改装了SPS-48E三坐标对空警戒雷达、MK-14武器指挥系统和SYS-2自动战斗数据系统,解决了这些系统与SPS-49对空警戒雷达的配合使用问题。

首制舰"贝尔纳普"号曾于1975年11月与"肯尼迪"号航空母舰相撞,舰体严重受损,后经过大规模的修理与改装,于1980年5月又重新服役。

↓"莱希"级导弹巡洋舰

"德梅因"级火炮巡洋舰

- ☆ 国籍：美国
- ☆ 服役时间：1948年11月
- ☆ 长：218.39米
- ☆ 宽：22.96米
- ☆ 标准排水量：20900吨
- ☆ 搭载人员：1799人

在1942年的所罗门群岛海战中，日本联合舰队的密集火力使美国海军水面舰艇损失惨重，美军认为主要原因是巡洋舰上的8英寸炮（203毫米）射速太低，限制了其在狭窄海域内的使用效能。

过早凋零的"美丽"

在阿留申群岛作战时，驱逐舰和轻巡洋舰上的炮火威力明显不够。为了弥补不足，1943年美军制造了一种炮口203毫米的速射炮。新炮计划安装在"俄勒冈"级重巡洋舰上，但因为炮体太重，舰体无法适应。终于，财大气粗的美国海军决心设计一级全新的舰艇来安装这款新型速射炮，以便发挥其卓越的性能，这就是"德梅因"级重巡洋舰。这是美国海军舰艇建造史上的最后一级，也是设计最精良的一级火炮巡洋舰。

在舰体设计上，美军根据太平洋海战的经验，强调了防空能力和主炮火力，在主甲板上又铺设了一层可防止因炸弹爆炸产生连锁爆炸的新甲板，并扩大了弹药舱的容量。

这种炮口为203毫米的速射炮终于找到了自己的家，还有了一个新名字：MK16舰炮。

这是美国海军第一种采用自动装弹机的舰炮，无论是俯仰还是旋转都是电力驱动，可在任意角度装弹。值得一提的是，这种性能出色的舰炮只装备在了"德梅因"级上，好炮配好舰，可惜却只是昙花一现。

"变身"水上博物馆

按最初的计划,"德梅因"级将建造12艘,但因为日本海军的迅速失败,美军造舰计划大幅调整,最后只有3艘完工,而且全部在战后才开始服役。这3艘"德梅因"级舰虽然没能用203毫米炮弹将日本人炸开花,但也风光一时,先后担任过美国第6舰队的旗舰,在地中海和大西洋地区耀武扬威。首舰德梅因号CA134于1946年9月在伯利恒钢铁公司下水,1948年11月服役。1950年后频繁在加勒比海、地中海和大西洋地区活动。1949—1955年担任第6舰队旗舰。1958年"黎巴嫩危机"期间担任美国在地中海的临时指挥所。1961年7月正式转入预备役,直到1991年才正式退役。退役后几经周折,成了苏比利尔湖畔的一座水上博物馆。

"德梅因"级虽然是二战末期建造的终极火炮巡洋舰,但却生不逢时,在导弹技术迅速发展的年代里被迅速淘汰,实在是可惜。

← "德梅因"级火炮巡洋舰

"基洛夫"级
战列巡洋舰

- ☆ 国籍：苏联
- ☆ 长：252米
- ☆ 宽：28.5米
- ☆ 标准排水量：19000吨
- ☆ 可搭载人员：727人

为了与美国海军的长滩号核动力导弹巡洋舰进行全面抗衡，履行远洋作战的使命，苏联海军开始建造巨型军舰"基洛夫"号，这曾引起海军界极大的震撼。它是一艘巨大的核动力舰艇，是二战结束后世界上建造的最大巡洋舰。

一艘舰，引发海军界的"海啸"

"基洛夫"号首次装备VLS（即垂直发射）系统和大量导弹，并配有3架直升机，其吨位之大，火力之强，能提供舰队防空和反潜，与敌方大型水面舰艇交战，包括打击大型航空母舰的能力。舰上几乎涵盖所有海上作战武器系统，所以又被称为"海上武库"。它曾一度使各国海军为之震惊。《简氏防务周刊》将其定级为"战列巡洋舰"。直到今天，它仍然是世界上威力最为强大的水面战舰。

知识链接

美国长滩号核动力导弹巡洋舰

长滩号核动力导弹巡洋舰由美国伯利恒钢铁公司建造，是世界上第一艘核动力导弹巡洋舰，有了核动力，即便是长时间在海上航行也不用补充燃料。这艘核动力导弹巡洋舰于1957年12月开工，1960年下水，1961年9月服役，1995年退役封存。

长滩号核动力导弹巡洋舰可搭载958人，长219.9米，宽22.3米，吃水为9.1米，排水量18000吨，续航力25.9万千米。舰上配备了大量先进武器：战斧式巡航导弹、鱼叉反舰导弹、20毫米方阵近迫武器系统、127毫米炮和三联装423毫米鱼雷发射管。

"上天入地"无所不能

该级舰主要用于实施远洋反舰、反潜和防空作战。在作战时,它主要充当海上编队的核心力量,与其他舰只共同组成导弹巡洋舰编队,执行攻击敌方战斗舰艇和破坏敌方交通线的任务。该级舰装备各型导弹近500枚,是美国载弹量最大的"提康德罗加"级导弹巡洋舰的4倍。苏联解体后,"基洛夫"级改名为"乌沙科夫海军上将"级。

在建造"基洛夫"级战列巡洋舰时,初期计划为5艘,最后一艘因经费等多种原因取消。首舰"乌沙科夫海军上将"号(原"基洛夫"号);第二艘"拉扎耶夫海军上将"号(原"伏龙芝"号);第三艘"纳希莫夫海军上将"号;第四艘"彼得大帝"号(原"安德罗波夫"号)。

这4艘舰中首舰有突出的反潜能力,后面的三艘则强化防空性能,苏联为之配套大量各型先进防空导弹,并在世界上率先采用垂直发射模式。第四艘"彼得大帝"号,被称为苏联海军的巅峰之作,装备了当时最先进、最完整的作战信息系统、通信系统、武器系统、传感器系统和电子战系统等,具有超级强大的综合作战能力。

目前该级巡洋舰中仅有"彼得大帝"号保持了作战能力,服役于俄海军北方舰队。

↓巡洋舰

"光荣"级导弹巡洋舰

- ☆ 国籍：苏联
- ☆ 长：186.4米
- ☆ 宽：20.8米
- ☆ 标准排水量：9380吨
- ☆ 舰员编制：454人

"光荣"级是苏联解体前建成的最后一艘导弹巡洋舰，被称为当今最具战斗力的舰艇之一，是苏联在"卡拉"级巡洋舰之后，建造的又一艘常规动力巡洋舰。

充满战斗力的"战士"

20世纪60年代后期正值冷战激烈时期，面对美国傲慢的气势，苏联不得不重新考虑大型水面舰艇的建造，之后陆续建成了"基辅"级航空母舰、"基洛夫"级核动力导弹巡洋舰、"光荣"级多用途导弹巡洋舰以及"勇敢"级（或"无畏"级）和"现代"级导弹驱逐舰等一系列高性能的作战舰艇。

生存与能力并存

"光荣"级十分注重提高生存能力，舰体采用高强度钢建成，在舰体关键部位进行了加强处理，使其具备了较强的抗爆炸能力、消防能力、防御能力。同时改善了舰艇的摇摆性和耐波性，其稳定性和适航性可保证在所有海域里安全航行。据参观过"莫斯科"号舰的人描述，舰上除了拥有宽敞的水兵餐厅、气派的军官餐厅和医疗室之外，还有一个藏书丰富的图书室，并设有桑拿浴室和游泳池。

"光荣"级还十分强调单舰的综合作战能力，因此携载有齐全而先进的武器装备。舰上导弹、火炮、鱼雷、火箭干扰发射装置等，具备多个层次的防御能力。其中SS-N-12反舰导弹由于具有射程远、战斗威力大、射速高和突防能力强等优点，从而对航空母舰和大型舰构成严重的威胁。正是使用了这些先进的武器，才让"光荣"级导弹巡洋舰成为一艘作战能力极强的战舰。

知识链接

"卡拉"级巡洋舰

在苏联海军巡洋舰的行列中，"卡拉"级占有较重要的地位，该级舰全长173米，宽18.6米，吃水6.7米；标准排水量8000吨，满载排水量9700吨。主机为6台燃气轮机，总功率达134000马力，最大航速为34节，续航力为9000海里每15节，舰员540名。它是苏联第一艘燃气轮机巡洋舰。在作战时，它担负着远洋反潜的使命，对美国海军庞大的核动力舰队进行狙击，为自己的远洋编队构筑起一道如钢铁般坚固的"水下防线"。

↓"光荣"级导弹巡洋舰

"沙恩霍斯特"号巡洋舰

- ☆ 国籍：德国
- ☆ 服役时间：1939年1月7日
- ☆ 标准排水量：31500吨
- ☆ 长：235米
- ☆ 宽：30米
- ☆ 舰员编制：1968人

"沙恩霍斯特"号是二战中德国最著名的水面舰之一。它于1935年5月16日在威廉港始建，1936年10月3日下水。它的下水曾轰动一时，当时德国的元首希特勒曾亲自参加了下水仪式。

"沙恩霍斯特"号战列巡洋舰，是纳粹德国在"二战"初期就投入使用的大型军舰。参加了在大西洋上对盟国运输船只的袭击战和入侵挪威的登陆战役，以及与入侵挪威战役有关的海上战斗，为纳粹初期的海上作战主力之一，也是最后一艘在战斗中被击沉的帝国战舰。

"隔岸观火"的军事目的

第一次世界大战后，《凡尔赛条约》限制德国建造任何大于10000吨级巡洋舰的军舰。后来，德国海军参谋部要求建造新的战舰，来替代一战后一些旧式"无畏"战舰。到20世纪30年代初，法国和苏联海军提出了大规模的造舰计划，从而促使德国考虑建造比被允许的装甲舰更大的军舰。当时，德国海军建造局密切注视着国外主要海军大国的军舰研制情况，定期评估主要海军大国建造的各种舰型。

政治对抗赛下诞生的"战士"

1933年，希特勒上台。开始他对《凡尔赛条约》的限制有所顾虑，不敢公开建造超标准的大型战列舰，也不敢公开向英国的制海权挑战。他曾向当时的德国海军司令雷德尔表明,他不想追随"一战"前"提尔皮茨"时的海军政策,不想建立一支向英国制海权挑战的舰队,但他要抗击法国正在进行的造舰计划。于是,就诞生了"沙恩霍斯特"号和"格奈森诺"号战列巡洋舰的设计方案。这两艘舰并不是"一战"时期战列巡洋舰的派生物,而是由装甲舰发展而成的。这两艘舰的副炮,都是采用已取消的第4艘和第5艘装甲舰副炮的模式。这两艘舰混合采用150毫米炮塔炮和单管炮,有装甲防护,但缺少"一战"期间许多德国战列巡洋舰和战列舰设计方案中的上部装甲区。

1934年2月,该级舰的订货指标下达给基尔的德意志造船公司和威廉造船公司,4个月后开始施工。在《英德海军条约》签署之前,这两艘舰的结构图和说明书就已经完成。尽管德国海军把这两艘舰称为战列舰,但实际上它们是战列巡洋舰。它们有重装甲防护、高航速和中等口径火炮,是德意志级装甲舰的发展型。

"密码"不再保密

1941年5月,一支英国舰队在格陵兰岛附近将德国的潜艇逼出水面,并在潜艇的电报柜中找到密码电报。随后,几百名数学专家利用这些电报顺利破译了德军使用的"恩尼格马"密码系统。从此,英国人可以接收和破译德军总部发往舰船的大部分电报内容。

当"沙恩霍斯特"号刚一出动,英国方面就已获得了准确的情报。英军新式战列舰"约克公爵"号和它的姐妹舰组成"2号战斗编队"向挪威海域全速前进。舰上官兵都意识到,这是全歼德国海军的重要一役,也许是二战结束前与德军进行的最后一次大规模海战。此时,英国海军已稳操胜券。

一不小心误入敌人陷阱

"沙恩霍斯特"号的雷达已经在激战中被损坏,加上又找不到自己的护航运输队,只好掉头南下,成了一只冰海中的"瞎眼"蝙蝠。这正好为英国战舰提供了绝佳的机会。

"沙恩霍斯特"号先是被拦住去路,遭到数发炮弹的攻击。此时,海军少将埃里希·贝大概已经昏了头,所以犯了一个致命的判断性错误。直到现在二战史学家也不能理解,德军指挥官为什么误认为英军巡洋舰的炮火是从与德舰实力相当的一艘战列舰上发出的。为保存实力，埃里希·贝紧急下令撤出战斗。14时30分，德国下达返航命令。但是，这是他犯下的第二个错误，因为以"约克公爵"号为旗舰的英军2号战斗编队的炮口正在迎接它的到来。而"沙恩霍斯特"号因为其雷达的损坏，只能在黑夜中摸索前进，完全不知道也没有意识到前方英舰正等着他们。

看似平静的夜晚，危机四伏。英舰像夜游的幽灵般悄声无息地对"沙恩霍斯特"号进行了全面包围。

真正的英雄选择背水一战

下午4时54分，伴随着一声呼啸，一颗照明弹从皇家海军轻巡洋舰"贝尔法斯特"号上腾空而起钻入了夜空，转瞬间将漆黑的天空映得如同白昼，孤独的"沙恩霍斯特"号在茫茫大海上显现出了它巍峨的身躯。许多从未见过"沙恩霍斯特"号的英国水兵也禁不住称奇。而此时，"沙恩霍斯特"号上的官兵也如同中了魔法般地一下子涌到了甲板上。

"准备战斗！"贝少将声嘶力竭地咆哮道。身陷绝境的他知道除了拼命没有别的办法。素质优良的德国水兵们在战斗警报声中快速进入战位，只等那决定生死的时刻到来。

当两舰的距离只剩下25928米时，弗雷泽庄严地命令开炮。英国炮手们好像早已迫不及待了，不等司令官的话音落地，一发356毫米炮弹已经张牙舞爪地冲向了"沙恩霍斯特"号，双方局势立即转入了重量级的死拼。而"沙恩霍斯特"号的目标此时只有一个，那就是与比它更壮、更猛的"约克公爵"号战列舰背水一战。

但是，鸡蛋和石头又怎么能相碰撞呢？

只见一发接一发的炮弹向着"沙恩霍斯特"号冲去，突然从舰上传来一阵惊天动地的爆炸声，接着一团浓密的黑烟从舰艉的主炮炮台上腾起，并在几十米的高空中幻化为明亮的橙色火光。"沙恩霍斯特"号被彻底击中了！

已经面色铁青的贝少将一边命令轮机兵进行紧急抢修，一边给邓尼茨及元首发电。他的电文如下："只要我们还有最后一发炮弹，我们都将坚持战斗！""沙恩霍斯特"号作为帝国海军的象征始终被荣誉伴随着，而作为其最后的一任舰长，他要将这一传统推向极致。

悲歌四起，惨烈牺牲

冰冷的海洋里，爆炸声此起彼伏。"沙恩霍斯特"号燃起的大火照亮了天空，这艘巨舰如今已是伤痕累累、一片狼藉，再也不能动弹。这时，舰身突然一歪向南方发生了猛烈倾斜。晚上7时12分，"沙恩霍斯特"号上最后一座主炮炮塔落入大海。然而，令弗雷泽中将感动的是，仅剩下2门150毫米副炮的"沙恩霍斯特"号仍然在继续战斗。45分钟后，整条船猛地向下一沉，笔直地没入了大洋。

坚持，令人震撼的勇气

事后通过来自各方面的资料统计显示，"沙恩霍斯特"号遭受的打击是令人震惊的——数百发炮弹在沙舰上爆炸，攻击的55枚鱼雷中至少有17枚直接命中！

伴随"沙恩霍斯特"号一起沉入北方冬海的共有1968名德国官兵，几百人在其沉没时跳进了大海，但冰冷刺骨的海水很快就让落水官兵在几分钟内失去了知觉，溺水而亡。英国驱逐舰"天蝎座"号在茫茫冰海上全力搜寻幸存德军，最终只有36人获救。

德国官兵的勇气深深地震撼了弗雷泽中将，这位将军在当天晚上动情地对手下的官兵说："先生们，如果有一天你们被派遣到这样一艘军舰上，参加这么一场实力悬殊的战斗，我希望在场诸君能向沙舰官兵那样轰轰烈烈地作战！"几天后，约舰返航英国，当途经沙舰沉没的海域时，弗雷泽中将亲率全舰军官及仪仗队，列队在甲板上，目送着将一个象征缅怀的花环抛入海中。

↓"沙恩霍斯特"号巡洋舰一角

第四章

海底巡航员——潜艇

图说经典百科

　　潜艇是能潜入水下活动和作战的舰艇，又称潜水艇，它具有良好的隐蔽性，较大的自给力、续航力和较强的突击威力。在很早以前，人们就探索能在水下行驶的船只。有确切记载，并得到人们公认的世界上第一艘能在水下航行的船只是由荷兰人德雷贝尔于1620年发明的。德雷贝尔是一名物理学家，他在英国制作了一艘木制框架，外包有皮革的小艇，艇缝外涂油，艇内有羊皮囊。向囊内注水，艇就下潜，可潜3—5米的深度，把囊内水排出艇外，艇就能浮上水面。艇身有桨孔，由12名水手划桨行进。这是世界上第一艘人力潜艇，也是现代潜艇的雏形，它曾在泰晤士河成功地潜航了两个小时。

"弗吉尼亚"级核动力潜艇

- ☆ 国籍：美国
- ☆ 服役时间：2004年
- ☆ 长：115米
- ☆ 宽：10.4宽
- ☆ 吃水：9.3米
- ☆ 最大潜深：488米
- ☆ 水下排水量：7800吨

七年零两个月的等待

最低费用、最高效率的潜艇。

随着美国海军实行"由海到陆，前沿部署"的战略，SSN-21在新形势下显得过于庞大、奢侈了。因此海军希望研制一型比"海狼"级潜艇排水量小，既经济、性能又好，用途广泛，可以在近海海区作战的多用途攻击型核动力，以便在21世纪替换将要退役的"洛杉矶"级潜艇。

"新型攻击型核动力"（SSN774）在这样的前提下诞生了，这是一种高性能、低价位的潜艇，它能够对付来自敌方的各种威胁，既能实施传统的远洋反潜、反舰作战，又可以用于浅水作战环境中的多种作战行动，包括攻击式/防御式布雷、扫雷、特种部队投送/回撤（美国先进蛙人输送系统规划）、支援航母作战编队、情报收集与监视、对陆攻击等。1991年，美海军开始SSN774潜艇的论证和设计工

潜对地战备导弹分弹道式和巡航式两类。美国从1947年开始研制"天狮星-I"型巡航潜地导弹，1951年在潜艇上发射成功，1955年正式装备潜艇部队，第一批战略导弹潜艇由此诞生。苏联于1955年9月首次用潜艇在水面发射一枚由陆基战术导弹改装的弹道导弹。1960年7月，美国"乔治·华盛顿"号核潜艇首次水下发射"北极星"A1潜地弹道导弹，这是世界上第一艘战备导弹核潜艇。

作,1996年签订合同,由通用动力公司电船部研制,研制费7.45亿美元。首艇"弗吉尼亚"号于1998年开工建造,2004年建成服役,随后准备陆续建造30艘,与计划2003年全部建成的6艘SSN-21一起组成美国的攻击型核动力部队。

SSN774可以担负隐蔽对陆攻击、反潜作战、情报搜集和侦察、攻击水面舰船、输送特种作战人员、布雷和支援航母战斗群等多种战斗任务。既能在深海作战,也能在浅水海域执行任务。

冷战时期的产物

在冷战时期,美国海军攻击型核动力的基本使命是在大洋深处与苏联的核动力进行对抗,或者是在全球范围内对苏联核动力,特别是对苏联的弹道导弹核动力进行长期的跟踪与监视。因此,在那一段历史时期内,美国海军攻击型核动力的基本设计思想是把具有水下高速、大深度下潜能力以及安静性作为攻击型核动力最重要的性能指标。美国海军的"洛杉矶"级以及"海狼"攻击型核动力是体现美国海军冷

↓ "弗吉尼亚"级核动力潜艇

战时期攻击型核动力设计思想的典型。

随着冷战对峙局面的消失，美国海军的攻击型核动力失去了昔日在大洋深处的苏联核动力对手，因此其主要使命也随之发生了变化。在新的形势下，美国海军赋予攻击型核动力的主要使命是处理地域性战争、利用潜射导弹对陆地目标实施攻击、在沿海从事反潜作战、对特种部队进行支援以及担任航母作战编队的直接支援等。因此，冷战结束之后，美国海军攻击型核动力的设计思想是以多功能、多用途为主。冷战之后的新型攻击型核动力除了保留冷战时期原有的安静性之外，将不再把水下高速和大深度下潜能力作为孜孜追求的基本目标。

"危机"情况下的准备

在这种情况下，美国海军开始迅速地修正冷战时期制定的"百人队长"级核动力的性能指标。1992年1月，有关当局与美国海军舰队和潜艇指挥官们进行协商之后，认为"百人队长"级攻击型核动力不应该再作为"海狼"级核动力的后续艇或者替代艇，而应该成为适应冷战结束之后新环境要求的攻击型核动力。于是，他们对"百人队长"级核动力的性能提出了一系列新的要求。1992年2月，美国海军作战部长富兰克房·尔索上将重新对"百人队长"潜艇设计组提出了下列具体的设计目标：

保留"海狼"级攻击型核动力的降噪技术；适当降低最高航速；基本保留"海狼"级攻击型核动力上作战系统的性能；减少艇上的武器载荷和武器的投放速度；减少最大下潜深度；减少艇员人数。

从上述几个主要性能指标来看，美国海军对"百人队长"级攻击型核动力的基本要求是尽量使其适应新的战略环境，追求合理的先进性，适当地降低一些性能指标。"百人队长"级核动力虽然诞生于冷战时代，但是却完成于冷战结束之后的所谓后冷战时代，它是历经两个完全不同时代的新型攻击型核动力。

最终被命名为"弗吉尼亚"级的攻击型核动力将担任在世界各种海域，特别是在浅水海域对付常规动力潜艇以及执行多项任务。

"鲨鱼"级核动力潜艇

图说经典百科

47

第四章 海底巡航员——潜艇

- ☆ 国籍：俄罗斯
- ☆ 服役时间：1985年
- ☆ 水上排水量：7500吨
- ☆ 水下排水量：9100吨
- ☆ 长：115米
- ☆ 宽：14米
- ☆ 吃水：10.4米
- ☆ 最深下潜：600米
- ☆ 人员编制：85人

"鲨鱼"级潜艇是俄罗斯最先进的攻击核动力。它的出现被认为是苏联舰船建造新技术和新思想的展示，是苏联几十年来潜艇建造经验的伟大结晶。"鲨鱼"级攻击核动力属于俄罗斯第四代"鲨鱼"级巡洋核动力，无论是水下航速、噪音控制还是下潜深度方面，都有极佳的表现。

出没迷雾的"鲨鱼"

以前，苏联对本国水域上一切疑似威胁物采取了激进政策，其中包括击沉了众多的平民货船和客轮。这一姿态的象征就是"鲨鱼"级攻击潜艇——隐秘致命的海底杀手，并因此经常被作为苏联侵略的标志。尽管它早已名震全球，但有关于"鲨鱼"级潜艇的详细资料大部分都笼罩在迷雾中，直至一艘盟军货船在公海捞到了一名苏联水兵，而当时的位置距离最近的苏联海军也有几千米的距离。

那名水手，大概是个被苏联海军拉进去的目不识丁的乡下人，之前是"鲨鱼"级潜艇K-420上的一员。他在保养潜艇其中一枚鱼雷时，无意中弄坏了那枚鱼雷的发动机，结果碰上一艘毫无防御的盟军船的时候，却尴尬地开不了火。出奇冷静的潜艇舰长命令那名水手进入鱼雷上膛的发射管里。告诉他必须在敌人逃掉之前将其修好。然后舰长将那枚残废的鱼雷和惊恐万分的水手一块儿发射到了海里……可怜的水手捡回了一条命,却也只能听天由命,自己游到水面等着被俘虏。

在审讯中,根据苏联水手的各种回忆,盟军指挥官们慢慢把"鲨鱼"潜艇的故事拼到了一起。

靠记忆还原的"谜"

在"鲨鱼"最初的设计阶段里,苏联海军知道他们需要一种高效的舰艇杀手,还知道他们只有训练笨手笨脚、最好一点儿海事经验都没有的船员来操纵这些武器。所以他们选择了RU-7鱼雷作为"鲨鱼"级的主武器,这种武器简单、可信、高效,即便是新手也可以方便使用。

然而慢慢地,苏联指挥官们确定自己需要一种更加强大的武器来对付越来越大、越来越多装甲的海军舰艇,所以"鲨鱼"舰队还获得了新的"超空泡"鱼雷。无论尺寸还是威力都是怪兽级别的"超空泡"鱼雷赋予了鲨鱼潜艇极大的破坏能力,不过它们的战斗力也同样受到了射速缓慢的制约,需要用漫长的装填发射流程来换取较高的可靠性和准确性。

除了"鲨鱼"级潜艇技术上的细节,被俘水手还揭示了舰上生活的一面。

知识链接

"超空泡"鱼雷

"超空泡"鱼雷是苏联海军研制成功的一种在水中高速航行的武器。"超空泡"是一种物理现象。当物体在水中的运动速度超过100节时,鱼雷头部装有空泡发生器。空泡发生器产生局部气泡,然后由通气管向局部气泡注入气体,形成奇异的水蒸气泡,使之膨胀成为"超空泡"鱼雷。

无情"鲨鱼"和它的致命武器

苏联海军疯狂的军事行动,使得"鲨鱼"级一次需要在海里待上数年时间,在这漫长的旅途中、在局促压抑的环境里、在万吨的水压下还要鬼鬼祟祟地四处搜寻猎物、躲避袭击,这给船员增添了巨大的心理负担。加上"鲨鱼"潜艇的舰长们善于使用强硬手腕来维持纪律和战斗力,失败是不容许的,惩戒十分苛刻。一些批评家争论说这样的极端条件是有损"鲨鱼"级潜艇完成任务的能力的,但实际上它们面对敌军时,超强的战斗力却表明并不是这么回事。毫无疑问,是过去失败的代价将船员和潜艇磨砺成了如此致命的武器。

通过一些战场侦察员的数据，已经揭示了至少数点关于"鲨鱼"级潜艇的情报：

1."鲨鱼"级潜艇大部分时间都在水下，因为大多数地面和空中武器都无法攻击水下，只在用"超空泡"鱼雷发动攻击时它才需要上浮。因此大部分时间，这条"鲨鱼"可以大摇大摆地在水域游荡。它们擅长护卫更容易受攻击的船只，比如"无畏"级，还擅长对敌人海军基地展开骚扰作战。

2."超空泡"鱼雷虽然是极为强大的武器，可笑的是却没有搭载导航仪器。这让它们只能笔直前进，水下发射，无法追踪目标；更有意思的是它们还缺乏分辨敌我的能力，已经不止一艘苏联船舰因为无意间挡道被莫名其妙地击沉了。

3."鲨鱼"潜艇使用的钛合金船壳使造价昂贵。因此，苏联海军司令部在配发给战地指挥官的时候总是显得很"小气"。另外，它们需要超级发电站来给电池充电，这意味着"鲨鱼"潜艇通常只能出现在最紧张的战斗地区。

据报道，俄罗斯已开始设计该级艇的改进型艇了，也许"鲨鱼"级潜艇将会退出军事舞台。

↓ 核潜艇

"可畏"级
核动力潜艇

- ☆ 国籍：法国
- ☆ 服役时间：1971年
- ☆ 水上排水量：7500吨
- ☆ 水下排水量：9000吨
- ☆ 长：12.5米
- ☆ 宽：10.6米
- ☆ 吃水：10米
- ☆ 最深下潜：400米

法国发展核动力比俄罗斯、美国、英国三国晚一些。先是研制"电曼"号常规导弹核动力，接着于1958年开始自行研制导弹核动力，1964年开始建造法国第一级核动力"可畏"级，首艇"可畏"号于1967年3月下水，1971年服役。接着4艘姊妹舰"可惧"号、"雷霆"号、"不屈"号、"霹雳"号陆续动工，其中最后一艘于1974年下水。

从"可畏"级到"不屈"级

"可畏"级的建造自第五艘后停顿了很长的一段时间，数年后法国才决定建造第六艘——"不挠"号，"不挠"号是以"可畏"号为基础，将主机及电子系统略加改进，并搭载M4弹道导弹以取代原先的M20而成。"可畏"级首制艇"可畏"号于1991年退役后，此级艇改称"不屈"级。

苦并乐的艇员生活

"可畏"级的艇员分两组：蓝组和红组，轮流出海，经过一段时间的作战巡逻（巡逻时间不断增加，由55天增至70天），两组艇员互换，一组艇员离艇休假5—6周，另一组则开始值勤，在海军造船局的协助和长岛后勤部门的支持下，对潜艇进行3周时间的修理、补充后，潜艇再次出航。潜艇出海3周

后，休假组结束休假，开始进行为期6周的训练，以作好充分准备，等待下次出海。潜艇完成70天的巡航任务后返航，下一组接手，一个周期结束，另一个周期随即开始。这样往复下去。

巡航期间，艇上人员实行3班工作制。不分昼夜，值班人员高度警惕地工作着。除值班外，每班人员还负责设备的日常保养、排除故障、打扫卫生。其余时间用来就餐、睡觉及娱乐。此外，全体人员还定期进行战位演习，根据导弹发射模拟程序，进行作战训练。潜艇巡航在深海中，但是并不与世隔绝。艇上人员可以利用新闻综述，了解外界发生的重大事件。通过"家庭简讯"，了解家里的情况。每周每人还可以给家人发20个字的电报。这些均有助于全体人员保持高昂的士气。艇上的生活紧张，但是并不枯燥。潜艇的空间有限，但是却能开展多种活动：体操、健美、室内自行车、拳击，还可以围绕着导弹发射管跑步。厨房也想尽办法满足艇员的饮食需要。这一切都是为了保持艇员的最佳状态。

↓核潜艇

"宋"级潜艇

- ☆ 国籍：中国
- ☆ 服役时间：1995年5月
- ☆ 长：74.9米
- ☆ 宽：8.4米
- ☆ 水面排水量：1700吨
- ☆ 水下排水量：2250吨

"宋"级护卫舰是中国海军装备的国产常规动力攻击潜艇，代号为039型。西方称为"宋"级潜艇。"宋"级的各项指标都已达到世界先进水平。它的一大特点是采取降噪措施，使噪音大幅降低，在中国海军国产现役潜艇中噪音最低。

中国海军新战舰

"宋"级最早引起世人瞩目是在1994年5月。当时美国用侦察卫星发现一艘新型护卫舰从武昌造船厂下水。这就是我国从80年代中期开始研制的039型潜艇。"宋"级潜艇已经成为我国海军现役最重要的艇种之一。该级艇的主尺寸类似于"明"级，但有单个侧斜螺旋桨和一个球形艇首声呐。首水平舵位于阶梯形指挥台围壳前部驾驶舱下面的两侧，围壳后部用于容纳各种升降桅杆。

努力发展壮大力量

中国海军的潜艇均以朝代命名，"宋"级(039型)是中国自行研制的第二代护卫舰，第一艘为320号，于1994年5月在武汉青山船厂下水，第二年5月交付海军使用，1998—1999年完成了发射潜舰导弹C801的试验。

"宋"级成为中国第一个能在水下通过发射远距离的反舰导弹攻击敌舰的护卫舰。全艇有80%是全新的设计(相对于035"明"级而言)，采用了流体力学上的"水滴"形艇体结构和非对称的七叶桨。具体作战效能接近于英国曾装备的"支持者"级。

中国护卫舰的突破

"宋"级潜艇已经成为中国海军现役最重要的艇种之一，也是中国护卫舰发展的一大突破，具有五个第一：

第一次使用单轴七叶高弯角螺旋桨推进器；

第一次装设了数字显示声呐、光电桅杆以及整合式的自动化指挥系统；

第一次配备线导反潜鱼雷；

第一次配备潜射反舰导弹；

第一次配备潜射反潜导弹。

↓露出水面的潜艇

"阿穆尔"级潜艇

- ☆ 国籍：俄罗斯
- ☆ 长：67米
- ☆ 宽：7.1米
- ☆ 标准排水量：1765吨
- ☆ 水下排水量：2650吨
- ☆ 下潜深度：250米
- ☆ 舰员编制：34—41人

据俄罗斯媒体报道，俄罗斯在法国巴黎举行的2004欧洲海军展览会上展出海军部造船厂生产的1650型"阿穆尔"级潜艇。俄参展团的团长伊戈尔·别洛乌索夫称，该新型潜艇可以称作是"海军装备史上隐身性能最好、噪声最小、性价比最高"的潜艇，目前已正式装备俄罗斯海军。

史上最好的潜艇

"拉达"级677型和"阿穆尔"级1650型为同一型号，它是由红宝石中央设计局在"基洛"级636型常规动力潜艇基础上研制出的第四代常规动力潜艇，前者装备俄罗斯海军，后者出售给俄国第三代常规动力潜艇的国外用户。二者在设计上基本相同，主要区别在于动力装置、反舰导弹系统、通信系统和所需人员编制。

与上一代"基洛"级潜艇相比，新型潜艇采用了大量新技术，在设计上也有所创新。其中包括以现代数据库技术为基础的新型自动化指挥和武器控制系统。该艇艇身为水滴形设计，艇壳采用了高强度的ab-2钢材，极为光滑的艇身表面设有消声瓦，另外还对艇内高噪声设备加装了消声器、隔音罩，从而使噪声降到最小。这可确保"阿穆尔"级潜艇发现并攻击前方的敌舰，并及时躲开反潜舰艇的攻击。

最新设备世界领先

在设计方面，新潜艇取消了外露设备，实在无法取消的也换成了升降式，使其被雷达侦察到的概率大为降低。该级潜艇的自动化程度和电子设备也处于世界先进水平，艇上装有"利蒂"综合作战系统和"利拉"声呐系统，自动控制系统可确保对潜艇进行集中而有效的操控，可从潜艇主控室的操作员仪表板上控制机械设备和武器装备。用于获取外部信息的无线电电子装置通过一个特殊的通用舰艇数据交换系统连接在一起，这一系统可以以最快的速度自动加工、分析从各种传感器获得的信息，最终将有关信息全部显示在操作员仪表板上。这不仅能够确保首先发现敌方目标，而且能够做到在敌方潜艇位置数据被输入系统15秒后即可实施攻击。

"阿穆尔"级潜艇装备有可伸缩桅杆和攻击潜望镜。复合导航装置包括一部小型惯性导航系统，可保证航行安全并确定发射导弹所需要的潜艇运动参数。一部观察桅杆可装备电视摄像头、红外成像仪和激光测距仪，可保证在任何时候进行观测。一部攻击潜望镜（"阿穆尔"级1650型）具有目视和低可见光电视通路。雷达系统的目标探测距离、隐蔽性、精确性都有所提高。这套系统可完成自动标图和解决航行问题等任务。无线电通信装备包括一部可释放无线电天线，可在水下100米无法被探测到的情况下接收指令和信息。

强大武器让人望尘莫及

"阿穆尔"级潜艇以其良好的生活条件令人注目。所有艇员都住在乘员舱内。厨房和起居室装备先进，十分便利。有效的通风和空调系统是专门设计的，可用于在热带海域执行任务。艇上还安装有蒸馏机，可用来补充淡水储备。

"阿穆尔"级采用了世界新一代潜艇流行的AIP动力装置(不依赖空气推进装置)，这种装置通过在艇内安装燃料电池提供动力，与传统的柴电潜艇相比，它无须经常浮出水面，启动柴油发动机充电，从而提高了水下续航时间。

俄罗斯在潜艇燃料电池方面已经进行了长期的试验，积累了丰富的经验。1988年10月，苏联海军就曾进行了装燃料电池的"卡特兰"号潜艇试验。1991年俄罗斯海军又在"比拉鱼"型潜艇上试验成功了低温氢氧燃料电池。新型的"阿穆尔"级AIP潜艇将采用两组碱性燃料电池系统，同时还有一套功率为4100千瓦的柴电动力装置。整套燃料电池动力装置的功率为300千

↑潜艇博物馆

瓦,能保证潜艇在水下以3.5节的速度持续航行20天。AIP系统的应用为"阿穆尔"出色的隐形性提供了可靠的保证。

最令西方国家感到畏惧的还是艇上强大、众多的武器装备:6个直径533毫米的53型线导鱼雷发射管(可带18枚鱼雷)、中近程ss-n-15潜对潜导弹、可由"俱乐部-s"导弹系统发射的3m54e反舰巡航导弹、"针"式轻型潜空导弹,以及各型先进水雷(最多可携带30枚)。同时,该级艇上装备的快速装填装置更是令西方护卫舰望尘莫及。

"亲潮"级潜艇

- ☆ 国籍：日本
- ☆ 服役时间：1990年
- ☆ 长：77米
- ☆ 宽：10米
- ☆ 水面排水量：2700吨
- ☆ 水下排水量：3000吨
- ☆ 潜深：500米
- ☆ 艇员编制：69人

日本海上自卫队按照"日本防卫计划大纲"的要求，将常年维持一支由16艘潜艇组成的潜艇部队，基本上按照每年退役一艘、服役一艘的方式进行新旧潜艇的换代行动。而"亲潮"级就是日本目前最新型的潜艇，采用长水滴形，有良好的流线，采用高强度钢耐压艇体，静音性极佳，象征着日本潜艇的隐匿性将跨上一个新的台阶。

潜艇的先锋

"亲潮"级的鱼雷控制室设在艇身中段，发射管向艇首前移，两侧的发射管一前两后方式搭配，并且是从舰体中心朝外斜向发射。艇内共装备20枚鱼雷和飞弹，包括最大射程38—50千米的89式线导鱼雷和潜射式鱼叉反舰飞弹，其中鱼叉飞弹的最大射程可达130千米；而89式线导鱼雷是日本版的Mk48型鱼雷，最大潜深为900米，都是日本潜艇的标准武器。

新型强大的AIP系统

"亲潮"级潜艇满载排水量达3000吨，是目前世界上在役和在建的大排水量护卫舰之一，也是世界上最先进的护卫舰之一。它既适合于日本这个多岛之国的水域执行巡逻警戒任务，也适合于远海作战。大幅度提高了潜艇性能，是日本海上自卫队一贯追求的目标。但因为多种原因，日本至今与核动力无缘。不过后来，日本把提高潜艇作战能力的重点放在了使用AIP系统方面，为此不仅国内花大力气研究燃料电池推进技术，而且准备与国外合作研制潜艇AIP推进系统。虽然从目前进度来看，"亲潮"级不可能装备AIP系统，但由于日本今后的新型潜艇研制速度可能放慢，因此不排除"亲潮"级通过改装后加入这种推进系统。

↓潜艇博物馆

图说经典百科

第五章
战斗英雄——战列舰

  战列舰,又名战斗舰或战舰。在历史上,战列舰的特征是排水量大、武器装备配置全面、武器攻击力强,在海军舰船中处于"龙头老大"的地位。

  战列舰是一种重量级的海军作战舰艇。不过1860年以前战列舰一直是各主要海权国家的主力舰种之一,因此曾一度被称为主力舰。但随着近年来军事的迅速发展,同样重量和火力的现代武器,更适用于现代战斗。因此,这种主力舰消失在了海军舰船发展的历史进程中,其光辉也永远地留给了历史。

"北卡罗来纳"级战列舰

- ☆ 国籍：美国
- ☆ 服役时间：1941年4月9日
- ☆ 长：222米
- ☆ 宽：33米
- ☆ 标准排水量：36600吨
- ☆ 舰员编制：2339人

"北卡罗来纳"号于1936年6月3日由美国国会批准建造，1937年10月27日在纽约海军船厂开始建造，1941年4月9日建成服役。第一任舰长为赫斯特维德特海军上校。

以新替旧，新的中坚力量更强大

20世纪30年代中期，美国政府考虑到一战结束前建造的战列舰正在出现陆续超龄的现象，而同时远东和欧洲的潜在敌国日本和德国正积极扩军备战。于是在1934年3月和1936年6月又相继批准建造一批现代化战列舰，以替代旧式战列舰。

因此，美国海军于1937年10月和1938年6月始建两艘"北卡罗来纳"级战列舰；于1939年7月至1942年2月始建4艘"南达科他"级战列舰；又于1940年6月至1941年1月始建4艘"爱荷华"级战列舰。它们建成后相继投入了战争，成为二战期间美国战列舰兵力的中坚。

频繁参与训练，竟成"演戏船"

入役后，"北卡罗来纳"号开始了海上试验和训练。由于在试验期间频繁进出纽约港，人们便给了它个"演戏船"的绰号。1941年12月7日日本偷袭珍珠港时，它正停靠在纽约港内。赫斯特维德特舰长吸取了珍珠港事件中战列舰易遭受空中攻击的教训，立即要求在他的舰上加装20毫米高射炮。他的要求很快得到了满足。"北卡罗来纳"

号在开赴战场之前，便加装了40门20毫米"厄利孔"高射炮。1942年上半年，日军在太平洋战场横行无忌，日、美双方战斗激烈，它本应早日开赴远东战场，但当时由于害怕北大西洋运输线遭受德国战列舰"提尔皮茨"号的袭击，致使它在北大西洋海域作为威慑力量又待了数月之久，于1942年6月10日驶入太平洋。

走过战场，战绩巨大

1943年11月末，"北卡罗来纳"号驶离南太平洋，加入由米切尔海军少将指挥的第50特混编队，参加了11月20日对吉尔贝特群岛的攻击，并于12月1—8日与其他5艘战列舰一起炮击了瑙努岛上的日军机场。这是它在战争中首次使用406毫米主炮炮击日军阵地。

1944年1月，它被编入第58特混编队，参加了马绍尔群岛登陆战役，后于6月6日又参加了马里亚纳群岛登陆战役，6月25日支援了航空母舰对关岛的攻击。

1945年2月19日，"北卡罗来纳"号协同其他7艘战列舰以及多艘巡洋舰和驱逐舰对硫磺岛实施了海战史上一次最大规模的炮击，炮击持续了7天。随后，又于同年3到4月，参加了冲绳登陆战役，为航母提供空中掩护，击退了数百架自杀飞机的攻击。

4月6日下午，在抗击日机的空袭中，它竟鬼使神差被自己舰队发射的一发127毫米火炮炮弹误击，舰只受到轻伤，舰员3人被击毙，44人受伤。

9月2日，"北卡罗来纳"号锚泊在东京湾，目睹了日本投降签字仪式。并于1945年10月17日驶抵美国东海岸波士顿。

在"北卡罗来纳"号在太平洋战场长达3年的战争岁月里，共航行30余万海里，参加过15次战役和重大战斗活动，荣获多枚战役铜星纪念章。战争期间，它进行过9次对岸炮击，击沉1艘运兵船，击落击毁24架敌机，营救过坠落在海上的美国飞行员，而它自己仅有10名舰员阵亡，67人负伤，可谓以极小的代价取得了巨大的战绩。

↓ "北卡罗来纳"级战列舰

"依阿华"级战列舰

- ☆ 国籍：美国
- ☆ 服役时间：1943年
- ☆ 长：133.2米
- ☆ 宽：14.3米
- ☆ 标准排水量：44560吨
- ☆ 舰员编制：354人

"依阿华"级战列舰是第二次世界大战期间美国建成的吨位最大的一级战列舰，也是世界上最后一级退出现役的战列舰。

几度出战的"巨人战舰"

1938年美国海军提出了新型高速战列舰——"依阿华"级的设计方案。美国海军对之前建造的"南达科他"级战列舰的性能并不满意，主要是排水量偏小，限制了作战能力的提高。

以能通过巴拿马运河船闸的极限为标准，"依阿华"级船体最大宽度被限制为33米，重新设计舰体，采用了加大舰体长度和吃水的设计措施，舰体的长宽比达到7.9，虽然细长的舰体有利于提高航速，却影响了适航性。"依阿华"号在进行高速试航时，曾发现船尾有振动现象，经过水池试验后，将螺旋桨改进，以此消除了振动现象。

第二次世界大战期间，服役后的"依阿华"级战列舰主要参加太平洋海区的作战活动，为航空母舰护航和支援两栖作战。其高速性以及强大的高射火力为航空母舰特遣舰队提供了防空火力。先后参加了进攻马绍尔群岛作战、马里亚纳海战、莱特湾海战等。

知识链接

莱特湾海战

莱特湾海战是发生在菲律宾莱特岛附近的一次海战。时间从1944年10月20日到26日。日本企图击退或消灭盟军在莱特岛的登陆部队，结果却战败。这场战争严重削弱了日本海军联合舰队的实力，从此他们不再是太平洋战争中的战略力量。

莱特湾海战也为后来美军成功攻下日占的菲律宾群岛打下基础。有海军历史学者认为莱特湾海战是历史上最大的海战，也是日本第一次有组织地使用"神风特攻队"。

马里亚纳海战

马里亚纳海战也被称为菲律宾海海战，是二战中太平洋战场日本帝国海军与美国海军在马里亚纳群岛附近展开的一次海战。这是历史上最大的航空母舰决战。由于战斗中日军飞机被美军战斗机轻易击落，被美国人戏称为"马里亚纳射火鸡大赛"。

二战刚结束不久，朝鲜战争又爆发了。1951年"依阿华"级舰再次服役。战后，于1958年编入预备役，又一次全部封存。

"海上霸主"终有老时

20世纪80年代初，美国决定对"依阿华"级战列舰进行现代化改装。"依阿华"级战列舰共有4艘，从1981年10月到1989年2月全部改装完毕，共花费了7年半的时间，每艘舰改装费用约3—4亿美元。此次改装的重点是加强对地对舰攻击能力，增强反潜防空能力，提高通信和电子设备的现代化水平和改善舰员的生活条件。

这次现代化的改装尽管给"依阿华"级战列舰的前途带来了一丝曙光，但重新复出的战列舰，即便有再多的胜利辉煌也难免出现"老化"的现象。1992年3月31日这个一度逞威于海上的"霸主"终于彻底退出了历史舞台。

↓ "依阿华"级战列舰

"密苏里"号战列舰

- ☆ 国籍：美国
- ☆ 服役时间：1944年6月11日
- ☆ 长：133.2米
- ☆ 宽：14.3米
- ☆ 标准排水量：45000吨
- ☆ 舰员编制：354人

"密苏里"号战列舰为美国海军"依阿华"级战列舰中的第三艘。该舰以杜鲁门总统家乡的州名命名，在1944年6月11日下水服役，1945年1月"密苏里"号作为第3舰队旗舰，正式加入美国太平洋舰队，1945年2—7月先后参加硫磺岛战役、冲绳岛战役和对日本本土的攻击作战。

多次作战，凯旋之后赢辉煌

"密苏里"号的最后一次现代化改装完成于1986年，次年5月10日重新加入美国海军现役。1990年8月2日，伊拉克入侵科威特，海湾危机爆发后，"密苏里"号和"威斯康星"号战列舰迅速驶向海湾。"沙漠风暴"战斗打响后，"密苏里"号和"威斯康星"号战列舰及潜艇最先向伊拉克目标发射了"战斧"式巡航导弹。1991年2月4日凌晨，"密苏里"号战列舰在装备高级水雷避碰声呐的美舰"柯茨"号护航下，通过水雷区，到达指定攻击阵位，用9门406毫米大炮将伊军的指挥中枢、弹药库、炮阵地、导弹阵地、雷达站等予以破坏，给多国地面进攻部队以强有力的火力支援。这些舰炮在舰上"先锋"无人驾驶飞行器的引导下百发百中。1992年3月31日，在热烈的礼炮声和号角声中，"密苏里"号缓缓地驶回到美国洛杉矶港码头，结束了它辉煌的一生。

一不小心就成了"历史名舰"

"密苏里"号在刚服役不久,就参与了二战,而且,日本投降签字仪式就是在这里举行的。作为二战的参与者和结束的见证者,它成了"历史名舰"。

日本投降签字仪式究竟在哪艘军舰上进行曾经是个难题。大家都知道,美国航空母舰在太平洋战争中可谓占据了霸王地位。而且,按照惯例投降仪式应当在旗舰举行,此时,"密苏里"号正是美国第3舰队旗舰。另一个决定性因素是,当时的美国总统杜鲁门是一位来自密苏里州的平民总统,他当然同意让代表家乡的军舰赢得这个至高无上的荣誉。

1945年9月2日8时起,美国太平洋舰队司令官尼米兹上将、太平洋盟军最高统帅麦克阿瑟上将等美方及战胜国代表陆续登舰。当日8时56分,日方代表重光葵外相、日军大本营代表梅津美治郎上将等登上了"密苏里"号。9时2分,签字仪式开始。

此时,各国记者已经将"日本代表在'密苏里'号军舰上签字投降,第二次世界大战以同盟国的胜利而告终"的消息发往世界各地。

← "密苏里"号

"大和"级战列舰

- ☆ 国籍：日本
- ☆ 长：263米
- ☆ 宽：38.9米
- ☆ 标准排水量：64000吨
- ☆ 搭载人员：2500人

"大和"级是日本不惜一切代价建造的一艘空前强大的战列舰，属于日本帝国海军超级战列舰。其排水量最大、火力最强、装甲最厚重，被誉为海洋钢铁城堡。同时也是日本帝国海军中条件最好、设施最全的舰艇，单说一个食堂就从长官到士兵分了五类。另外，还有烤箱和冰激凌制造机，可以自制茶汤、柠檬汽水、冰激凌等冷饮。

倾尽国力只为"世界第一战舰"

日本是一个资源匮乏的岛国，无论是在战略资源还是制造数量方面，都不可能与工业基础雄厚、资源丰富的美国竞争。所以日本海军对美国海军建造的战列舰舰艇宽度进行了预计，认为其宽度会因为受到巴拿马运河的限制，而只能搭载406毫米的口径舰炮。因此，日本按照明治时代以来"数量不足，质量弥补"的方针，企图以单舰的质量优势来抵消对方的数量优势。在这种思想下，日本海军开始准备建造搭载460毫米口径主炮的超级战列舰，也就是"大和"号。

整个建造过程共花费1500亿日元（战后价格）。1940年8月8日"大和"号正式下水，到了1941年7月，该舰主炮已经安装完毕。从1941年10月16日起，大和舰开始试航，10月22日，在宿毛湾试航获得成功。当年11月1日，"大和"舰首任舰长高柳仪八海军大佐到任。12月7日，大和舰进行了首次主炮射击（据说，开火的声音连海边城市的居民都听到了）。同时，一支以6艘航空母舰为核心的日本舰队正在向美国夏威夷开去，在当年12月8日清晨（当地时间为12月7日），这6艘航空母舰上起飞的舰载机偷袭了美国太平洋舰队的基地珍珠港，至此太平洋战争爆发。而这一天，大和舰也试航结束。1941年12月16日，大和舰竣工，入吴镇守府船籍，并被编入日本联合舰队。

在当时，"大和"号的确是名副其实的世界最大、最强的战舰之一。其标准排水量为64000吨，满载排水量为72800吨，大口径主、副炮20余门，装甲厚、防护能力也超强，就算同时被命中两枚鱼雷或数枚重磅航弹也不致影响战斗，故当时号称世界第一战列舰。

珍珠港袭击事件

1941年12月6日，日本海军一支由6艘航空母舰为主力的舰队在海军中将南云忠一的指挥下离开日本开往珍珠港。途中舰队全部使用无线电静默保持联系。除6艘航空母舰外，还包括2艘战列舰、3艘巡洋舰、9艘驱逐舰和3艘潜艇。另外8艘油轮和2艘驱逐舰只开到北太平洋等候。

当年12月7日清晨，该舰队的飞机轰炸了夏威夷瓦胡岛上所有的美军机场和许多在珍珠港内停泊的舰艇和战列舰，地面上的飞机几乎全被摧毁，12艘战列舰和其他舰船被击沉或损坏。188架飞机被摧毁，155架飞机被破坏，共造成三千多名美国人伤亡。

辜负了期待的结局

1942年2月12日，"大和"号正式成为日本联合舰队旗舰。可惜，"大和"号并没有给日本"争气"。到了1943年12月25日，"大和"号在特鲁克附近遭到美国潜艇的鱼雷攻击，战舰右侧第3号主炮塔附近被一发鱼雷击中，进水约3000吨。受损后的"大和"号立刻撤离了这一海域。

1945年3月26日，在美军实施的冲绳岛登陆战中，日本企图出动包括"大和"号在内的水面舰艇舰队支援冲绳日军的作战。然而这一次，"大和"号的命运就终结了，首先是遭到了美军的毁灭性打击，到了14时23分，"大和"船舰内突然发生主炮弹药库大爆炸，葬身海底，全舰2498名官兵（连同司令部人员共有2767人）中仅有269人获救。

知识链接

珍珠港

珍珠港位于美国瓦胡岛南岸的科劳山脉和怀阿奈山脉之间平原的最低处，与美国唯一的深水港火奴鲁鲁港相邻。整个珍珠港呈鸟足的形状展向内陆，在位于西湾和中湾之间的怀皮奥半岛南端，有一座乳白色呈八角形的水塔，整座水塔高达55.8米，顶部还设有一红灯，是一个显著的进港导航标志，而且港口东侧的岸上还设有一座金鹰信号塔也可以助航。港口的进口，只有一个深为13.7米的水道。

珍珠港是美国海军基地和造船基地，也是北太平洋岛屿中最大、最好的安全停泊港口之一。一般民用船舶及外国舰船如果没有美国海军部的特殊许可是不允许进入的。

对于"大和"号最后一次作战的战果究竟如何，至今没有一个确切的说法。美国官方认为击落飞机8架，击伤飞机16架，还有2架飞机在返回时落海；日本官方认为"大和"号光用主炮对空射击，就应该击落10架飞机，而日本右翼更认为击落了52架。而根据苏联解体后的文件表明这次作战美军被击落23架飞机，返回时落海6架，34架被击伤。当然，无论事实如何，"大和"号是彻底葬身海底了，这不仅意味着战列舰已经过时，也标志着日本帝国海军从明治建军起的70余年历史宣告结束，日本军国主义的末日也临近了。

↓珍珠港事件

"俾斯麦"级战列舰

- ☆ 国籍：德国
- ☆ 服役时间：1940年8月24日
- ☆ 长：248米
- ☆ 宽：36米
- ☆ 标准排水量：52600 吨
- ☆ 舰上人员：1600人

俾斯麦是德国历史上最具有影响力的政治家之一。德国在统一之前被称为普鲁士，而俾斯麦就是当时普鲁士的首相。他对德国统一和后来的强大有不可磨灭的功劳。俾斯麦1815年4月1日出生于普鲁士的一家森林庄园，也是一个贵族世家。从小受过良好的教育，曾经在哥廷根大学和柏林大学学习法律、历史和外语。大学期间，他就喜欢决斗，毕业后参加军队。

"铁血宰相"俾斯麦

俾斯麦体格强壮、个性粗野，喜欢争强好胜。1847年，俾斯麦成为普鲁士议会的一名议员，1862年任普鲁士首相兼外交大臣，极力推行"铁血政策"，主张通过战争，由普鲁士统一德国。后来他相继发动了对丹麦、奥地利和法国的战争，逐步实现了德国统一。1871年俾斯麦出任新成立的德意志帝国宰相，并受封为公爵，成为19世纪下半期欧洲政治舞台上的风云人物。1890年，他被新皇威廉二世解职，回到庄园。1898年去世。

勇敢的"铁血战舰"

"俾斯麦"号在第二次世界大战时的使命，就是破坏英国人的大

↓俾斯麦雕像

西洋航线，所以德国海军计划对英国海军进行突然袭击。在这次海战中，"俾斯麦"号带领的德国海军和英国海军展开了激战，双方互相发射炮弹，"俾斯麦"号强大的火力显示了威力，击沉了英国主力军舰"胡德"号，尽管自己也被"威尔士亲王"号击伤，但是在"俾斯麦"号的带领下，德国海军大获全胜。所以，英国海军对"俾斯麦"号开始重视起来，当天夜晚派飞机向它投射鱼雷，但是"俾斯麦"号防护钢板很厚，鱼雷并没有对它形成威胁。第二天，"俾斯麦"号发现所在的军港被英军包围，于是夜间突围，甩掉了英国海军的跟踪。但是不久又被英军飞机发现，遭到了英国海军飞机鱼雷的猛烈攻击，从此航速逐渐缓慢下来，后来赶上的英国海军舰队开始围攻"俾斯麦"号战列舰，由于发动机失去控制，整个军舰不能移动，被当成英国海军的一个靶子。

在几十艘军舰火炮的攻击下，"俾斯麦"号逐渐沉没，这艘德国海军历史上最具威力的庞然大物结束了自己短暂的一生。虽然作为德国法西斯的海军军舰，它的沉没令很多人欢欣鼓舞，可是它还是在世界海军史上写下了自己光辉的一页。它强大的威力和防护性给英国人留下了深刻的印象，被英国首相丘吉尔誉为"造舰史上的杰作"。

没来得及佩戴的勋章

在英德两军交战的时候，远在百里之外的德国元首希特勒非常关注，他认为"俾斯麦"号一定能大显神威，给英国海军一个下马威，扭转在海上对德国长期不利的局面，于是他派人提前制作了勋章，等到捷报传来时，就把勋章颁发给舰长。

果然，很快就传来英国重型军舰"胡德"号战列舰被击沉的消息，希特勒高兴得发狂，连忙打电报给"俾斯麦"号舰长林德曼进行嘉奖，并对林德曼说："我以元首的名义，授予你剑十字骑士勋章和钻石十字骑士勋章！"

谁知道，林德曼刚要走过去接受勋章，还没来得及佩戴，突然战舰上的警报器叫响了。原来这时几架英国装载鱼雷的飞机正向"俾斯麦"号战列舰飞来，大家忙乱起来，开始布置防御，舰长也顾不上佩戴这枚在他眼中象征最高荣誉的勋章。两天后，这艘巨大的军舰被英国海军击沉，舰长在军舰沉没的时候，还没来得及佩戴希特勒颁发的勋章。

"乔治五世国王"级战列舰

- ☆ 国籍：英国
- ☆ 服役时间：1940年12月
- ☆ 长：277米
- ☆ 宽：34.2米
- ☆ 标准排水量：35000吨
- ☆ 舰上人员：1600人左右

英国海军的"威尔士亲王"号战列舰是"乔治五世国王"级战列舰的二号舰。"乔治五世国王"级战列舰是第二次世界大战期间英国最先进的战列舰，也是二战中英国皇家海军战列舰的主要兵力之一，始建于1937年年初。这一级别共5艘，包括"乔治五世"号、"威尔士亲王"号、"约克公爵"号、"安森"以及"豪"号。"威尔士亲王"号在1937年1月开工建造，1939年2月下水，1940年12月服役。

一艘船舰与一个著名的宪章

"威尔士亲王"号服役的时间虽然不长，但已经有了一连串的光辉业绩。最值得一提的是1941年8月丘吉尔乘坐该舰参加美英两国首脑在纽芬兰举行的"大西洋宪章会议"。

1941年8月4日下午，"威尔士亲王"号奉命接到一个绝密任务，英国首相丘吉尔以及他的随行人员第一海务大臣、总参谋长、空军副参谋长，还有外交部和国防部有关人员等一行人登上"威尔士亲王"号，其后在驱逐舰的护航下，前往大西洋彼岸的美洲大陆。8月9日上午9时，"威尔士亲王"号驶抵纽芬兰普拉森夏港，与等在那里的美国总统罗斯福乘坐的"奥古斯塔"号巡洋舰会合。随后丘吉尔和罗斯福就有关问题进行了一系列会谈。10日早上，罗斯福总统等人登上了"威尔士亲王"号。

两国首脑的这次会晤结果产生了一个文件，这就是著名的"大西洋宪章"，两国首脑在"威尔士亲王"号的后甲板上进行了签字仪式，并且在甲板上一起做礼拜仪式。

勇敢迎战，悲鸣长叹

不过，"威尔士亲王"号也是该级别中唯一战败的一艘。

1941年5月21日，"威尔士亲王"号正式宣布加入到皇家海军服役后，立刻投入到拦截前往大西洋破坏英国海运航线的德国"俾斯麦"号战列舰的作战行动。

此次行动，"胡德"号被"俾斯麦"号击沉，而"威尔士亲王"号也先后被"俾斯麦"号炮弹接连命中。这时，主炮塔发生机械故障，火力减弱。"威尔士亲王"号不得不撤出战斗。作战过程中该舰的主炮也击中了"俾斯麦"号，导致航速下降、燃油流失，丧失了执行作战任务的能力。"威尔士亲王"号虽然受伤，依然紧紧追踪"俾斯麦"号，直到其暂时失去了踪迹，"威尔士亲王"号才不得不返航。

1941年12月10日，满载着英国皇家海军荣誉的"永不沉没的战舰"——"威尔士亲王"号战列舰和"反击"号战列巡洋舰，惨遭日军航空兵的狂轰滥炸，顷刻间葬身海底，使英军自此失去了东南亚战场的制海权。英国首相丘吉尔哀叹：这是对他"一生中最沉重和最痛苦的打击"。

再次出兵，回归平淡

战争之后的"乔治五世国王"级战列舰似乎就没有那么受到皇家海军的宠爱了。从1942—1943年期间，它几乎都在为前往苏联的运输船队护航。

1943年12月26日在北极航线的护航作战中，"约克公爵"号和数艘巡洋舰一起击沉了德国"沙恩霍斯特"号战列巡洋舰。

1944年，"乔治五世国王"级战列舰陆续加入英国太平洋舰队，一起进攻日本。

1945年9月2日"乔治五世"号参加了日本投降签字仪式。到1950年，"乔治五世国王"级战列舰相继退役，并在1957—1958年陆续解体。

↓ "乔治五世国王"级战列舰一角

第六章
海上坦克——登陆舰

图说经典百科

登陆舰艇又称两栖舰艇，是为输送登陆兵及其武器装备、补给品登陆而专门制造的舰艇，包括多种不同类型的舰艇。一般认为登陆舰艇的最初形态是俄国黑海舰队1916年使用的称作"埃尔皮迪福尔"（希腊文，意为"希望使者"）的船只。这是一种平底货船，吃水很浅，排水量为100—1300吨，适于运送部队抵达海滩实施登陆作战。

"欧洲野牛" 气垫登陆艇

- ☆ 国籍：俄罗斯
- ☆ 服役时间：1988年
- ☆ 长：57.3米
- ☆ 宽：25.6米
- ☆ 标准排水量：480吨
- ☆ 搭载：27—31人

"欧洲野牛"气垫登陆艇是当今世界上最大的气垫登陆艇，主要用于运送战斗装备和海军登陆部队先遣登陆分队队员。能在浪高2米、风速12米/秒的海况下平稳行驶，可突破1.6米高的墙形水障。为解决海域登陆问题，俄罗斯在登陆舰艇制造时积极使用动力支持设备，其中最流行、最实用的就是气垫登陆舰艇。

血气方刚的"超级野牛"

气垫登陆艇可以使登陆能力从常规登陆舰海岸线长度17%的登陆水平提高到78%。苏联海军从1955年开始研制、生产的1232系列小型气垫登陆艇就是这种舰艇，全部由"金刚石"造船公司制造，其中12322型"欧洲野牛"则是当今世界上最大的气垫登陆艇。

战场新宠——强大的作战能力

"欧洲野牛"登陆艇的船体由高强度耐腐蚀铝镁合金整体焊接而成，气垫护栏分两层，按照纵横垂直面的"十字形"来进行隔舱化处理，4台工作轮轴直径达2.5米的拉升设备可自动把船体提升到需要的高度。

上部结构由两个纵隔板分成3个功能舱，中部为登陆装备舱，设有坦克、战车专用的滚道和进出斜坡，设备舱装配主动力装置和辅助动力装置，登陆队员和乘员生活设施舱内装配有通风系统、空调、供暖系

统、声热绝缘层、减振材料结构、生命救护保障系统、大规模杀伤防护设备。

由于"欧洲野牛"气垫登陆艇具有优越的战术技术性能，许多国家对它表现出了浓厚的兴趣，特别是希腊。2000年1月24日，俄罗斯武器进出口总公司和乌克兰特种出口总公司与希腊国防部签署了出售4艘"欧洲野牛"气垫登陆艇的合同，总价值2亿美元。俄、乌各提供2艘。

垫登陆艇于1988年建成，在波罗的海舰队服役。2000年10月24日，根据希腊海军的要求，经过大修和现代化改进后在芬兰湾下水试验，考虑到南部海域盐分较高，更换了专门研制的新型燃气涡轮发动机组和气垫，试验成功完成后，于2000年12月20日开始向希腊海军交付。为希腊海军提供的第2艘1180"克法洛尼亚"号在维修和改进后，于2001年1月16日下水试验，2001年8月开始交付。这2艘气垫登陆艇纳入希腊海军战斗编成后，已经参加过多次演习，表现出了较高的战术技术性能，希腊国防部随后又向俄方订购了2艘。

再次改进，尽显"野牛"霸气

俄海军首艘"欧洲野牛"型气

↓停靠在圣彼得堡的舰艇

"伊万·罗戈夫"级登陆舰

- ☆ 国籍：苏联
- ☆ 服役时间：1978年
- ☆ 长：157.5米
- ☆ 宽：24.5米
- ☆ 吃水：6.5米
- ☆ 标准排水量：8260吨
- ☆ 满载排水量：14060吨
- ☆ 舰员：239人

从60年代中期开始，苏联海军执行从近海防御向远洋进攻转变的战略。在建造各种大型舰艇的同时，于70年代开始研制船坞运输舰。该级舰在加里宁格勒的扬塔尔船厂建造，共建成3艘。首舰"伊万·罗戈夫"号于1978年服役，第2艘舰"亚历山大·尼古拉耶夫"号于1982年4月下水，第3艘舰"米特罗凡·莫斯卡连科"号于1991年5月服役。

科技优势与设计缺陷

俄罗斯"伊万·罗戈夫"级船坞登陆舰的出现，由于其设计新颖和外形特殊，曾引起世界各国海军的普遍关注。该级舰主要具有如下几大特点。

1.功能比较齐全

该级舰能装载登陆艇、坦克、车辆、直升机、人员和其他装备，是一级多功能的船坞运输舰。舰尾设坞舱，能容纳各种登陆艇。坦克舱在坞舱前面，直通首大门，可装载坦克或车辆。上层建筑前后各设1个机库，最多容纳6架直升机，平时只带4架。机库前设有升降平台。由于舰首设有跳板和双扇侧开式首大门，该级舰具有直接抢滩登陆能力。加之舰上配备较多的电子设备，可兼作两栖战指挥舰使用。从舰的功能上看，充分体现了"均衡装载"和"一舰多用"的设计思想。

2.总体布置紧凑

该级舰船体内部主要为坞舱和坦克舱,两者由一个斜坡相连。在坞舱和坦克舱下面布置有机舱、压载舱、弹药舱和燃油舱等。加之舰首设有首门与跳板,与西方同类舰布置不同,反映了苏联在舰艇设计方面的新颖思想。

3.增强了作战能力

该级舰武备较强,主要由对空防御和对岸火力支援两部分组成。气垫登陆艇和直升机在舰上的应用更增强了其能力,前者使登陆范围大为扩展,后者则能够增强垂直攻击能力。

不过由于该级舰的排水量有限,又几乎集中了登陆战舰艇的所有功能,必然导致每一种功能得不到充分发挥。其次,在这艘吨位不大的舰上设前后两个直升机升降平台,减少了甲板面积的利用率。最后,由于首楼和桥楼组成的上层建筑过于高大,很容易遭到敌方的攻击。

↓停靠在岸边的登陆舰

"鹿特丹"级
突击登陆舰

- ☆ 国籍：荷兰
- ☆ 服役时间：1998年3月
- ☆ 长：185.6米
- ☆ 宽：25.6米
- ☆ 标准排水量：11125吨
- ☆ 舰员：340人

"鹿特丹"号突击登陆舰是由荷兰皇家斯切尔德船厂设计建造的，在设计上具备随时接战与持续作战的能力，可在远离母港之处进行作战。

一场意外事故后诞生的全新战舰

20世纪80年代，北约会员国除英、法外，两栖作战舰艇多由美国供应其淘汰的舰艇，但在90年代巴尔干半岛的和平维持行动中，西班牙海军的两栖舰艇发生意外事故，此后西班牙海军认为需要现代化的两栖作战舰艇，并具备大规模部队运输能力。

所以西班牙政府与荷兰海军签订了两栖部队运输舰艇联合开发计划，这个计划来自于荷兰皇家海军的"鹿特丹"级与西班牙皇家海军"贾利希亚"级。整个合作开发计划于1992年6月签订发展备忘录，两国开始投注资金于此开发案。荷兰海军的"鹿特丹"号于1998年成军服役，西班牙海军第一艘"贾利希亚"级两栖船坞登陆舰"贾利希亚"号于1996年5月成军。

灵活应变的"鹿特丹"号

"鹿特丹"号主要负责执行两栖作战：包括运输、独立发动营级单位进行登陆，进驻海军陆战队的登舰、运输、转乘登陆舟艇、作战与后勤车辆及装备的登陆等；其次是执行和平维持行动，将飞行甲板供反潜直升机起降，或者运输陆、空军的装备与器材，担任大规模伤员海上救护舰等任务。

漂在海上的"医院"

"鹿特丹"号舰上设备齐全的医疗中心也是一大亮点。舰上有由计算机实时监测与控制的病床、手术室，相关设施还有良好的X光机、高温真空消毒器等。其医疗设施可与小型医院相比。在一般作战任务中会有2名驻舰医官、一名牙医官与2位护理军官。在灾害救援与人道救助中，还可再增加12名医疗人员。伤员在被紧急医疗照顾和分类后，接着就直接分送各病房治疗。

↓"鹿特丹"级突击登陆舰名字来源地——鹿特丹港

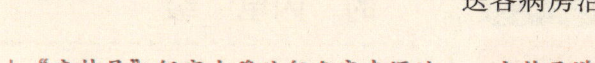

"闪电"级船坞登陆舰

- ☆ 国籍：法国
- ☆ 服役时间：1990年12月
- ☆ 长：168米
- ☆ 宽：23.5米
- ☆ 标准排水量：12400吨
- ☆ 编制舰员：210人

法国为保护其海外省和海外领土的利益，在20世纪80年代初正式组建了快速部署部队。由于当时估计首批服役的8500吨"暴风"级船坞登陆舰将在90年代后期退役，故法海军迫切需要建造新型船坞登陆舰。为此，在海军1984—1988年舰艇发展计划中，明确提出了建造3艘"闪电"级船坞登陆舰的任务。首舰"闪电"号于1986年开工，已于1990年12月服役，第2艘舰于1998年2月服役，均由法国布勒斯特海军造船厂建造。第3艘舰目前尚未确定建造与否。

"暴风"级下诞生的"闪电"级

该级舰是"暴风"级的派生型，在用途、装载能力、航速和武备等方面都有较大的改进，其主要使命是能运载1个机械化步兵团及其有关装备。这级舰建成后，"暴风"级并没有随之而退役，反而进行了延寿与现代化改装，等待新一级船坞登陆舰或船坞运输舰于2004年服役后再退役。这反映了法国与美、英等西方国家一样，自90年代以来特别注重增强两栖作战能力的建军思想。

最勤快的后勤支援

法国海军目前拥有两艘大型"闪电"级船坞登陆舰，第一艘"闪电"号，舷号19011，在1990年正式服役；第二艘"热风"号，舷号19012，在1998年正式服役。两艘"闪电"级都是在位于布勒斯特法国舰艇建造局的海军造船厂建造，

分配到法国战斗海军土伦基地地中海司令部。

"闪电"级用于装甲部队的登陆和支援,使法国海军能够迅速部署一支军事力量。其主要任务是在无准备的海岸上用于步兵和装甲车辆登陆、用于海军军事力量和人道主义任务的机动后勤支援。

随时待命的"移动船坞"

"闪电"级拥有容积达到13000立方米的船坞,能当作一个浮动的船坞使用,船坞里能携带登陆车辆;10艘中型登陆艇;一艘机械化登陆艇和4艘中型登陆艇。可移动甲板能够帮助车辆停车位或舰载直升机着舰。

该级舰主要以坞舱、飞行甲板和机库、车辆舱三种方式进行装载。

坞舱占舰长的3/4,面积为1740平方米。航渡时,坞舱无水,当舰进入或离开锚地时,它下沉3米。目前主要装载步兵与坦克登陆艇或400吨级巡逻艇,暂不装载气垫登陆艇,估计21世纪初研制成功后才能装舰使用。

飞行甲板分为前后两个起降区。前面一个是固定式的,后面可根据需要由坞舱顶上加盖板而成。

当这部分舱盖打开时,可允许小艇进坞;当它合上时,便成为活动机坪。这种两用舱盖的应用,是个创新。飞行甲板上设有"萨马赫"直升机拉降装置,最多时能停放7架"超美洲豹"直升机。机库设在舰首上层建筑的后部,可容纳2架"超黄蜂"或4架"超美洲豹"直升机。

车辆舱位于舰首,面积为1360平方米,与坞舱均作为装载大舱,两舱能通过斜坡板连接。舰靠岸时,坦克或各种车辆由舷门进出,或用起重机和升降机将车辆或货物吊入坞舱,然后再输转至各停放部位。此外,在紧急情况下,该级舰最多能运送1600名陆战队队员。舰员和陆战队队员为700人时,自持力为30天。

↓"闪电"级船坞登陆舰可停放多架直升机。图为正在降落的舰载直升机

"惠德贝岛"级
登陆舰

- ☆ 国籍：美国
- ☆ 服役时间：1985年2月
- ☆ 长：185.6米
- ☆ 宽：25.6米
- ☆ 标准排水量：15726吨
- ☆ 舰员：340人

老将退休，新兵上场

为了增加载货能力，计划建造5艘该级舰的改进型"哈泊斯费里"级，现已建成4艘，已分别于1994年、1995年、1996年、1998年

为了取代20世纪50年代服役的"杜马斯顿"级船坞登陆舰和装备当时正在研制的新型气垫登陆艇，早在70年代后期美海军已决定建造新型船坞登陆舰"惠德贝岛"级。在1978年海军五年计划中宣布了该级舰的建造计划，计划建造8艘（lsd41—lsd48）。该级舰设计以"安克雷奇"级舰为基础，首舰"惠德贝岛"号于1981年8月动工，1985年2月服役，其余7艘已分别于1986—1992年服役，前3艘在洛克希德造船建筑公司建造，后5艘在阿冯达尔工业公司建造，最后一艘舰的造价为两亿多美元。

服役，均由阿冯达尔工业公司建造。这两型舰有90%是相同的，只是改进型在满载排水量和装载能力上略大些，部分舰体结构作了少量调整。

"积极"的后勤支持

"惠德贝岛"级是美海军最新的船坞登陆舰，是当今和未来一段时间美海军登陆战舰艇主力之一，该级舰的主要任务是在登陆战中运送和投入各种登陆艇（尤其是气垫登陆艇）和车辆，并为登陆艇提供维修服务。

该级舰上层建筑布置在舰的舯前部，上层建筑后部有宽敞的甲板，舰内有较大的装载空间。因此，总体布置体现了均衡装载的设计思想。在这级舰上能装载登陆部队、坦克、直升机或垂直短距起降飞机，尤其是坞舱较大，可容纳4艘气垫登陆艇或21艘机械化登陆艇，突出了以装载登陆艇为主、其他装备兼顾的做法。

↓体形庞大的登陆舰

"新港"级登陆舰

- ☆ 国籍：美国
- ☆ 服役时间：1969—1972年
- ☆ 长：159.2米
- ☆ 宽：21.2米
- ☆ 标准排水量：8450吨
- ☆ 舰员：257人

在20世纪50年代末和60年代初期，美海军提出了"发展20节登陆战舰艇"的计划，要求所有登陆战舰的航速和担任护航任务的战斗舰艇的巡航速度相适应，使整个登陆编队的航渡速度达到20节。要达到这一航速要求，最困难的就是坦克登陆舰。由于传统的坦克登陆舰为了在敌岸直接抢滩登陆，所以吃水较浅，而且舰艏线形不流畅，不利于航速提高。为了突破原来的舰型，必须发展新舰型。

"新士兵"的闪亮登场

经过长时间的研究与大量的试验工作，美国海军在60年代末研制出了新型登陆舰"新港"级，共建20艘。于1969年6月至1972年8月先后服役。前3艘由费城海军船厂建造，后17艘由国家钢铁和造船公司建成。

该级舰建成后，有的舰又经过了后期的现代化改装。其中14艘舰参加过1991年的海湾战争，目前在役不多。但从长期使用的经验来看，该级舰在舰型上的创新，尤其是优良的登陆装置，反映了美国坦克登陆舰的较高水平，同时也引起了许多国家海军的重视。

新造型，新突破

"新港"级采用了细长的舰型，将艏部水线以下线形尖削，以利于提高航速。整个跳板上表面加有等距分布的防滑条，形成了锯齿状表面，以防止坦克和车辆打滑相撞。跳板平时放在甲板上，需要登陆时向前伸出，放到海岸或浮桥上。此时，坦克舱内坦克或车辆通过斜跳板移动到上甲板，再从上甲板经艏跳板下舰登陆。

在船尾设计跳板的好处是可以供水陆坦克等两栖车辆在深水中上下；当与大型登陆艇的跳板接通时，可将坦克等装备从该级舰换乘到登陆艇；如果将艉跳板放下搭到码头上时，可装载车辆。而由于水陆坦克和其他车辆从艉部上舰、艏部下舰进出自如，这对驾驶员操作和指挥也十分方便。

在船舰的后部两舷装有4个浮箱，浮箱长约25米，宽约6米，容许负重75吨。当海岸的状况不利于直接登陆时，可将4个浮箱连成一条100米长的浮桥。再将艏跳板搭在浮桥上，这样，坦克等装备就能通过浮桥上岸。

"新港"级的成功研制和使用，是美国海军登陆战舰艇20节化的一个重要突破。

↓"新港"级坦克登陆舰

"大隅"号坦克登陆舰

- ☆ 国籍：日本
- ☆ 服役时间：1998年3月
- ☆ 长：178米
- ☆ 宽：25.8米
- ☆ 标准排水量：480吨
- ☆ 搭载人员：1000名陆战队员

1996年11月18日，日本战后最大的坦克登陆舰"大隅"号缓缓下水。该舰的建成，创下了战后日本海军舰艇史上很多的第一：舰体长度第一；作战舰艇中标准排水量第一；在两栖舰船中，首次采用隐形设计，无前开门，搭载直升机和气垫登陆艇并装备两座"密集阵"炮。

能隐身的超级大家伙

别看"大隅"号体大身重，但它的隐形效果相当不错：主舰体横断面呈"V"字形，舰首具有较大的前倾斜度，两舷外飘。上层建筑呈倒"V"形结构，采用向内倾斜角度。这将有助于减小雷达反射波的强度，从而收到了较好的隐身效果。由于排水量和吃水深度增大，"大隅"号的装载量是现役最大的"三浦"级坦克登陆舰的3倍，一次可运载1000名陆战队员、10辆90型主战坦克及数架重型直升机。

身体庞大，作战灵活

"大隅"号舰首不再开门，舰体水线以下部分比较尖瘦，水线以上部分充分向外伸展，从而大大降低了航行阻力，提高了舰艇的航速和适航性能。该舰还在舰尾处设置了升降机井梯，搭载两艘从美国订购的气垫登陆艇；主甲板上配备两部大型直升机和升降机，用来搭载重型直升机。该舰的使用，突破了日海军以往登陆舰单一的抢滩登陆模式，既可凭借气垫登陆艇抢滩登陆，又可以借助舰载直升机实施垂直登陆。

"大隅"号在舰首、尾各装备了1座"密集阵"近防武器系统。该系统射速3000发／分，采用MK140型脱壳穿甲弹，其弹芯由贫铀制成，弹箱的备弹为1000发。由于采用了火控雷达以及脉冲多普勒跟踪雷达等，对目标具有很强的搜索与跟踪能力；系统作战反应时间小于4秒，一次用弹量约200发，作战区域为460—1850米。

目前，日本海军计划再建2艘"大隅"级舰，以替代日海军现役的"渥美"级坦克登陆舰的第二、第三艘"本部"和"根宝"号。

↓现代登陆舰不再神秘，部分国家的舰艇甚至定时向游人开放

图说经典百科

第七章

海上霸王——航空母舰

　　航空母舰是以舰载飞机为主要作战武器的大型水面舰艇,并作为舰载飞机编队的海上活动基地的大型军舰,舰队中的其他船只为它提供保护和供给。现代航空母舰及舰载机已成为高技术密集的军事系统工程。它是现代海军水面战斗舰艇中最大,也是作战能力最强的舰种。

　　航母编队集防空、反舰、反潜以及对岸攻击的作战能力于一体,是当今海战场上最强大的力量,是可以为国家利益作出特殊贡献的"海上霸王"。航空母舰的出现堪称人类战争史上的奇观,它的诞生实现了真正意义上的现代海战。

"暴怒"号航空母舰

- ☆ 国籍：英国
- ☆ 服役日期：1917年6月
- ☆ 长：239.8米
- ☆ 宽：27米
- ☆ 吃水：8.3米
- ☆ 满载排水量：27250吨
- ☆ 可搭载舰员：860人

英国是航空母舰的发祥地，英国的航母在二战中有过出色的表现。"暴怒"号是英国早期建成的航空母舰，它是由英国"暴怒"号巡洋舰改造成的。1917年，英国将一艘正在建造中的"勇敢"级大型轻巡洋舰的三号舰——"暴怒"号改装为世界上最早的真正意义上的航空母舰。

历史上关于航母的首次尝试

1910年11月14日，美国飞行员尤金伊利驾驶一架"冠蒂斯"双翼机首次从前甲板铺有25米木制跑道的"伯明翰"号巡洋舰上起飞。第二年1月8日，尤金伊利又驾同一飞机在后甲板铺有36米跑道和22根阻拦索的"宾夕法尼亚"号巡洋舰上首次降落成功。1912年和1917年，英国的萨姆逊中尉和邓宁中校又分别驾机从行驶的军舰上完成了起飞和降落。这些勇敢者的试验，孕育了航空母舰的诞生。

世界上最早航空母舰上的第一次试飞

1917年8月2日，"暴怒"号航空母舰开始了世界上首次飞机在航行中的军舰上降落的尝试。但情况并不乐观，起飞后的飞机无法返回母舰降落，只能降落到前甲板上。几天之后，飞行员邓宁再次尝试这个危险的降落方法时，飞机翻出军舰坠入海中，邓宁因此牺牲。

1917年11月，"暴怒"号回

船厂改装，艉炮被拆除，彻底改装为航空母舰。"暴怒"号航空母舰最早用于实验目的，它为英国皇家海军日后航空母舰设计打下了坚实的基础。1922年6月到1925年8月期间，"暴怒"号经过进一步的改装，拆除中部的舰桥、桅杆以及烟囱等建筑，飞行跑道前后贯通，拥有了长175.6米、宽27.7米的全通式飞行甲板，双层机库。

战斗中的"暴怒"号

1918年6月，"暴怒"号和为它护航的轻巡洋舰和驱逐舰遭到了德国水上飞机的攻击。头2架骆驼式飞机未能斗过德机，在水上迫降；第二次抗击取得了成功，击落敌一架水上飞机。就在这个月，它袭击了位于石勒苏益格—荷尔斯泰因州特纳的齐柏林式飞艇艇库。之所以选择特纳作为攻击目标，是因为骆驼式飞机的续航力不大。索普威思一又二分之一炫耀者式飞机可以飞得远一些，但它们肩负侦察重任，无法抽出来执行这次袭击任务。

德国海军飞艇部队的特纳基地，有3座大型艇库。第一批3架骆驼式开始下滑攻击，俯冲投弹后拉起，飞过了目标。炸弹击中了"托斯卡"机库，点燃了2架齐柏林式飞艇气囊内数百万立方英尺的氢气。10分钟后，第二批骆驼式飞机飞来，炸弹命中了"托比亚斯"机库，摧毁了气球，但没有点着放在附近的一车氢气瓶。6位飞行员开始作远程飞行，向母舰返航，有3位飞行员认为燃油不够，决定在中立国丹麦降落；2位赶上了护航舰队，在一艘驱逐舰旁迫降；第6位飞行员失踪。7时40分，"暴怒"号完成使命后加速到20节，向本土返航。它和它的飞行大队在这次袭击中终于获得成功。这是第一次从母舰上起飞进行的攻击。

说说"勇敢"级

"勇敢"级大型轻巡洋舰是英国第一海务大臣费舍尔海军元帅竭力提倡的"波罗的海强袭计划"之产物。1915年开工建造，英国海军称为"大型轻巡洋舰"。其特征是航速快，火力猛，吃水浅，但是装甲防御只有同期轻巡洋舰的防护水平。"勇敢"级大型轻巡洋舰由三艘舰组成，一号舰"勇敢"号、二号舰"光荣"号、三号舰"暴怒"号。不过后来证明这种军舰除了执行波罗的海强袭计划以外，几乎难以使用。因此将"勇敢""光荣""暴怒"改为了航空母舰。

"无敌"级航空母舰

- ☆ 国籍：英国
- ☆ 服役时间：1980年
- ☆ 长：210米
- ☆ 宽：36米
- ☆ 标准排水量：20600吨
- ☆ 最大航速：28节
- ☆ 人员编制：1051人

战后英国国力日渐衰退，再也无力建造像美国那样的大型核动力航母，但相信航母实力的皇家海军又不想放弃这个海战法宝。万般无奈之下的皇家海军只好采取了折中之策：用所谓的"全通甲板巡洋舰"来代替传统的舰队型航母，这就是后来的"无敌"级轻型航母，它的出现与"鹞"式垂直/短距起降飞机的研制成功不无关系。

"暴怒"级的后备主力

该级航母共建三艘：R05"无敌"号，1973年7月开工，1980年7月服役；R06"卓越"号，1976年10月开工，1982年6月服役；R07"皇家方舟"号，1978年12月开工，1985年11月服役。其中，第一艘在维克斯船厂建造，后2艘在斯旺·亨特船厂建造。

"无敌"级与常规航母一样，其上层建筑集中于右舷侧，里面布置有飞行控制室、各种雷达天线、封闭式主桅和前后两个烟囱。其飞行甲板长168米、宽32米，飞行甲板下面设有7层甲板，中部设有机库和4个机舱。机库高7.6米，占3层甲板，长度约为舰长的75%，可容纳20架飞机，机库两端各有一部升降机。

"滑跃"跑道新创意

"无敌"级最大的特点是应用了"滑跃"跑道，这是运用了皇家海军中校道格拉斯·泰勒的创意。所谓"滑跃起飞"，就是将飞行跑道前端约27米长的一段做成平缓曲面，向舰首上翘，"无敌"号和"卓越"号的上翘角度为7度，"皇家方舟"号为12度。"海鹞"舰载机通过滑跃甲板起飞，在滑跑距离不变的情况下可使飞机载重增加20%；载重量不变的情况下可使滑跑距离减少60%。这一起飞方式后来被各国的轻型航母普遍采用。

经历实战不断强大的"无敌"级航母

"无敌"级在服役之后参加了多次实战行动。如在1982年"无敌"号参加英阿马岛之战，暴露出预警能力不足的缺陷。为了应付冷战后形势的需要，皇家海军正式组建了三军联合快速部署部队，并决定在航母上部署空军的"鹞"式攻击机和陆军直升机。1997年年底，皇家空军的"鹞"GR7攻击机正式上舰。1998年1月18日，"无敌"号搭载7架"鹞"GR7攻击机和12架"海鹞"FA2战斗机出航，开始执行混合配置后的首次作战使命——配合美军对伊拉克实行空中打击。

1998年夏，皇家海军的2艘航母参加了北约"坚定决心"联合演习。这一次，"卓越"号搭载1个由"鹞"式攻击机和"海鹞"式战斗机组成的混编大队，"无敌"号则搭载1个海陆军混合直升机大队和700名海军陆战队员，从而全面实现了"由海向陆"的作战概念，"无敌"级航母又承担起新的作战使命。

↓"无敌"级航空母舰

"阿斯图里斯亲王"号航空母舰

- ☆ 国籍：西班牙
- ☆ 服役日期：1988年5月30日
- ☆ 长：195.5米
- ☆ 宽：24.3米
- ☆ 人员编制：763人

1979年10月，轻型航母"阿斯图里斯亲王"号开工，其设计根据美国制海舰的设计改进而成，可搭载垂直/短距起降飞机和直升机，1988年5月30日加入现役，成为西方又一型现代轻型航空母舰。作为西班牙海军现役唯一一艘航母，国产化达70%的"阿斯图里斯亲王"航母不仅是西班牙海军舰队的旗舰，更是西班牙人心中的骄傲。

阿斯图里斯——"旋转的魔方"

"阿斯图里斯亲王"航母采用了模块化技术建造。也就是说，在完成设计后，就可以在船厂同时建造整舰的不同部位模块，然后像拼积木一样在船台上完成组装，从而大大缩短了建造周期。如果建好后需要改装，还可以方便地更换不同模块，有利于战舰的改装。

1990年，西班牙海军舰队就对该舰进行了部分改装。将岛式上层建筑的主要舱室布置更加合理化；为停机坪上的直升机添加了保护装置；对居住条件进行了改进，使舰上可多住6名军官和50名技术人员。

该舰在开工的第一年，美国曾为其提供1.5亿美元的贷款，它的造价估计约2.75亿美元。

该舰独特之处在于它的飞行甲板在主甲板上面，从而形成敞开式机库，而别的航母大多是飞行甲板与主甲板在同一水平面上，机库是封闭式的。它的滑跃跑道前端上翘角为12度，可以起降较重型的飞机。该舰平时载机20架，但在紧急情况下可载机37架。

航母未来发展方向

"阿斯图里斯亲王"航母虽然费用昂贵、消耗巨大、保养费力，但大型化仍是其主要发展方向。因为中、小型航母的甲板长度和宽度有限，战斗时会影响发挥。而无论是实施远洋作战，还是跨越大洋实施由海到陆的近岸作战，大吨位的航母较中、小吨级航母的适航性都更好，也有利于舰载机的作战。除此之外，大型航母在作战使用的灵活性、自身的生存性、舰员生活的舒适性等方面较中、小型航母都具有优势。

家族成员

"阿斯图里斯亲王"航空母舰主要有："戴高乐"航空母舰、"克莱蒙梭"航空母舰、"CVN-77库兹涅夫"航空母舰、"斯坦尼斯"航空母舰、"尼米兹"航空母舰、"肯尼迪"航空母舰、"维兰特"航空母舰、"卓越"航空母舰、"阿斯图里斯亲王"航空母舰、"小鹰号"航空母舰。

↓航空母舰

"乔治·华盛顿"号
核动力航空母舰

图说经典百科

- ☆ 国籍：美国
- ☆ 服役时间：1992年7月4日
- ☆ 长：333米
- ☆ 宽：76.8米
- ☆ 标准排水量：98500吨
- ☆ 人员编制：6250人

"乔治·华盛顿"号核动力航空母舰又简称为"华盛顿"号，原属于"北卡罗来纳"级战列舰，是"北卡罗来纳"级的二号舰。它主要为大西洋舰队服役，母港位于诺福克海军基地。

海上的"战斗之星"

"华盛顿"号是世界上吨位最大的航母之一，于1986年8月25日开始建造，1990年7月21日建成下水。该航母的甲板面积是足球场的3倍，包括舰桥在内的高度接近20层楼，船舱共有3300多间。舰上能搭载各类型飞机共90多架。

1941年12月，"华盛顿"号成为威尔考克斯海军少将的旗舰，指挥第六战列舰分舰队和大西洋战列舰编队。1942年4月4日，"华盛顿"号加入英国舰队，与英国战舰一起护送船队，将战争物资送往摩尔曼斯克。1942年9月15日，"华盛顿"号抵达17特混舰队在太平洋上的集结地，加入以"大黄蜂"号航空母舰为核心的战斗群。在第四次萨沃岛海战中，"华盛顿"号和"雾岛"号的战斗成为太平洋战场上战列舰之间的第一次交战。而在整个第二次世界大战期间，它的战斗足迹一直沿着北极圈到了西太平洋，一共得到13枚"战星奖章"。

带着新科技奔赴21世纪

"华盛顿"号于1990年7月下水，1992年7月4日编入美海军大西洋舰队服役。来自美国各地、社会各界2000多人纷纷前往,感受"华盛顿"号的风采。就连当时作为美国第一夫人的巴巴拉·布什也特地赶来祝贺,还亲手把一瓶陈年香槟泼洒在"华盛顿"号舰艏。实际上,在1990年该舰的命名仪式上就是巴巴拉同布什总统一起主持的。

在万众瞩目之下,"华盛顿"号像一位高贵的绅士,缓缓驶向宽广的大西洋,带着切尼(当时任国防部长)的祝福:"让最新和最伟大的科技将'华盛顿'号带向21世纪。"

↓停靠在港湾里的航空母舰

"艾森豪威尔"号
航空母舰

- ☆ 国籍：美国
- ☆ 服役日期：1977年
- ☆ 长：332.9米
- ☆ 宽：40.8米
- ☆ 标准排水量：91300吨
- ☆ 人员编制：3200人

"艾森豪威尔"号航空母舰是美国设计制造的一艘目前世界上最大、最先进的航空母舰之一，是"尼米兹"级核动力航空母舰里的二号舰。舰名来自美国第34任总统德怀特·戴维·艾森豪威尔，他带领美国走过第二次世界大战。人们私下亲切地称他为艾克。因此"艾森豪威尔"号航空母舰也拥有同样的小名：小"艾克"号。

小"艾克"号航母威力不减

"艾森豪威尔"号航空母舰的飞机起飞效率和速度都很高，飞行甲板上装有4座供飞机起飞用的蒸汽弹射器。弹射率为每20秒钟一架，7—8分钟即可起飞一个飞行中队。每天能出动200多架飞机执行远距离攻击任务。由于它采用的是核动力，因而比其他大型常规动力航空母舰具有更大的战斗效能和威慑力。舰上所装核燃料可持续使用13年。舰载飞机燃料10000吨，可以保证舰载机进行16天的飞行行动。舰上还装备航行补给设备，可在20节的航速下接受补给，补给量为每小时200吨。

强大的攻击力

"艾森豪威尔号"航空母舰的攻击能力强，防御能力却很弱，要依靠编队中的其他战舰护航。舰上武器装备主要有3座八联装的"海麻雀"中程对空导弹发射装置和3座20毫米6管"火神—密集阵"近程武器系统。同时，为提高生存能力，还采用了许多先进的技术使舰体结构坚实。飞行甲板是封闭式，机库甲板以下的船体是整体的水密结构。双层船体采用高强度钢，中间层是水箱和泡沫灭火设备。这种结构能在舰体严重受损的情况下对全舰起保护作用。全舰设有23道水密横舱壁和10道防火舱壁，将全舰分为2000个隔舱，安全设备十分先进。

"尼米兹"级核动力航母是美国战略威慑力量的重要组成部分，是美国这个超级大国称霸世界的工具，它曾多次参与局部战争和危机事件。在当今世界，哪里有战火与危机，那里就可以看见"尼米兹"级核动力航母的身影。

1990年8月，发生海湾危机，美国立即让"尼米兹"级中的二号舰"艾森豪威尔"号穿越苏伊士运河，驶往海湾地区，从西部方向对伊拉克形成战略威胁态势，牵制伊军行动。

↓"艾森豪威尔"号航空母舰

"罗斯福"号航空母舰

- ☆ 国籍：美国
- ☆ 服役日期：1945年
- ☆ 长：295.2米
- ☆ 宽：34.5米
- ☆ 标准排水量：96386吨
- ☆ 人员编制：3950人

"罗斯福"号航母是"尼米兹"级航空母舰的第四艘，与之前的三艘相比，有了较大的改进，排水量也有所增加。该舰由纽约船厂建造，在竣工时曾一度被命名为"珊瑚海"号，后来为了纪念刚刚去世的富兰克林·罗斯福总统才改为"富兰克林·D·罗斯福"号。舰上有自己的电视台、大洗衣房、设备先进的医院、牙科诊室、若干个大厨房、快餐店、健身房，甚至还有一家银行。有自己的消防队、警察局和禁闭室，有教士，有图书馆、邮局、理发店、超市和非常先进的核电站。

美军的脸面

"富兰克林·D·罗斯福"号航空母舰曾于1946年8月8日至10月4日和美国海军的其他舰只一起开赴爱琴海，对希腊的首都雅典进行访问，以对当时处于动荡之中的希腊政府表示支持。而后它主要部署在地中海，在地中海的许多港口停留过，曾邀请成千上万名欧洲人登舰访问，以显示美国海军的力量。1947年7月，"富兰克林·D·罗斯福"号航空母舰返回美国诺福克海军造船厂进行检查和改装，设备得到了更新和改进。1948年9月13日重返地中海。1977年10月1日，"富兰克林·D·罗斯福"号航空母舰正式宣布退役。

"好斗"的航母

美军还有"西奥多·罗斯福号"航空母舰，"西奥多·罗斯福"号航母与美国的第26任总统西奥

多·罗斯福一样富有"进攻性"。

　　1991年1月,海湾战争爆发后,"尼米兹"级航母中的"西奥多·罗斯福"号进入波斯湾,与其他美国海军兵力一起,对伊拉克进行海上封锁,并空袭伊拉克军事目标。1月24日,从"西奥多·罗斯福"号起飞的舰载机搭载数枚导弹,击沉了一艘伊拉克布雷舰,并击伤了另一艘伊军布雷舰;1999年3月下旬,在狭窄的亚得里亚海湾,"西奥多·罗斯福"号率领50多艘战舰蜂拥而至,利用电子干扰飞机与电子侦察机,对南联盟的指挥通信系统进行了一场没有硝烟的"电子战"。随后,"西奥多·罗斯福"号航母旗下的13艘巡洋舰、驱逐舰和核动力"万弹齐发",用几百枚"战斧"式是巡航导弹上演了有史以来最大的"斧头"战。两周后的4月7日,从"西奥多·罗斯福"号上起飞的24架"大黄蜂"又疯狂地进攻南联盟,多次投掷被国际法禁止的集束炸弹,造成了南联盟平民的大量伤亡。

↓"罗斯福"号航空母舰一角

"信浓"号航空母舰

图说经典百科

- ☆ 国籍：日本
- ☆ 服役时间：1944年11月
- ☆ 长：333米
- ☆ 宽：76.8米
- ☆ 标准排水量：98500吨
- ☆ 人员编制：6250人

"信浓"号航母最初是根据"04舰艇补充计划"开工建造的"大和"级战列舰的三号舰（110号舰），1940年5月4日开工，1941年12月暂停，1942年就在快要建造完成时，又被改造成航空母舰。在原设计战列舰的舰体基础上，在主甲板上设计一层机库、装甲飞行甲板及岛式上层建筑。

史上最短命的航母

"信浓"号航空母舰由日本帝国海军制造，是当时世界上排水量最大的航空母舰。在"信浓"号航空母舰第一次试航之前，日本已经损失了几乎全部大型航空母舰，而且有经验的飞行员严重匮乏。而单靠"信浓"号航空母舰，是无法形成战斗力的，而且难逃最终覆灭的命运。因此，就在"信浓"号服役后不久，便被美军潜艇的鱼雷击沉，东京湾航向内海换工厂时，刚走了17个小时就被美军"射水鱼"号发射的4枚鱼雷击沉，创造了世界舰船史最短命的航空母舰的纪录。

神秘的"出生"

太平洋战争到了1944年，日、美的海上军事力量已经有了极大的差距。在经历了珊瑚海海战、中途岛海战、第二次所罗门海战、圣克鲁斯海战和马里亚纳海战后，曾经强大的联合舰队中的航母舰队或沉或受重伤，日本海军已经到了穷途末路的地步。反观美国一方，凭借雄厚的工业实力，在1943年年末就

第七章 海上霸王——航空母舰

有了大幅度的变化，远远地超越了日本。

"信浓"号航母就是在这种背景下被秘密建造出来。

短暂的第一次航行

1944年11月27日，"信浓"号载官兵和造船厂工人总计2500多人奉命出发，开始了它的处女航，离开东京湾驶往吴港。由"滨风""雪风""矶风"三艘驱逐舰护航。"信浓"号采取了严格的保密措施，在航行中还进行了灯火管制。

1944年11月26日当晚有B29的轰炸任务，美国潜艇"射水鱼"号受命准备救助可能被击落的美军飞行员，后来因计划取消，才在海上游弋待命。巧的是，当时"射水鱼"的雷达出了故障。潜艇被迫浮出海面准备修理，雷达在修好后多次开机测试都正常（其中一次被"信浓"号发现）。突然，艇长约瑟夫·F·恩赖特中校从潜望镜中看到了一个小岛。起初他还以为这是日本海域的一个刚刚出现的火山岛，不久他才发现这是一艘军舰！在不远处以20节的速度Z字航行。这就是"信浓"号航空母舰。

海上追兵来势猛

"射水鱼"号舰长恩赖特最初判断是日军的一艘油轮，恩赖特下令潜艇全速追击该舰。此时"信浓"号仍然保持Z字行前进，很快就被"射水鱼"号赶上。

22时45分，"信浓"号的瞭望手在右弦发现一艘美军潜艇，此时，为"信浓"号护航的"矶风"号驱逐舰也发现了"射水鱼"号，随即离开编队，以35节的高速向潜艇方向急速驶去，并且让"射水鱼"进入了它的火炮射程，这是潜艇和日军舰只的第一次遭遇。

恩赖特此时才发现这并不是一艘油轮，而是一艘大型航空母舰，并且它还有数量不明的驱逐舰护航，他立即下令潜艇下潜。潜艇进入了日舰的火炮射程。但奇怪的是，日本人并没有开炮，这令美军艇长颇感莫名其妙。

而"信浓"号在全速航行几个小时后就出现问题，它的一根主轴发生了故障，导致"信浓"号的航速降低到了15节。

误入虎口命难保

2时42分，一份电报被"信浓"号侦测到，同时还侦测到了近距离的美军潜艇雷达,舰长阿部俊雄认为舰队已经中了美军潜艇群的埋伏,他立即作出决定,舰队转向,谁料这个方面正好是面对着"射水鱼"的方向。"信浓"号竟然自己送到了"射水鱼"号的枪口下。

随即"射水鱼"号潜艇下潜,同时准备鱼雷,伏击"信浓"号。"射水鱼"向该舰发射了6枚鱼雷,其中的4枚准确地击中了"信浓"号,此时是3时过4分,"信浓"号舱室被撕开了10来米宽的口子,海水汹涌地灌了进来。

"射水鱼"号紧急下潜到400英尺的潜水极限躲避攻击,随即高速脱离了战场。舰长阿部俊雄认为4枚鱼雷对于"信浓"这样庞大的航母来说不算什么,加上担心继续遭到潜艇攻击,于是航速未减,给损管造成很大不便。

5时,"信浓"号舰体严重倾斜,倾斜到了18度。

8时,动力舱进水,锅炉全部瘫痪。

9时,航母失去了全部动力。

10时18分,阿部俊雄大佐下令弃舰,同时三艘驱逐舰开始转移"信浓"号舰员。30分钟后,"信浓"沉没,"信浓"号的2515名船员只有1080名被救,有1435人遇难(包括阿部俊雄大佐)。

就这样,这艘当时世界上最大的航母处女航仅仅进行了17个小时便被击沉了。

仓促完工埋下祸根

"信浓"号航空母舰拥有较强的装甲和水下防御能力,被4枚鱼雷击中就很快沉没似乎不可理解。其实这是有原因的。

其原因如下:

第一,该舰细节没有完工,不少水密舱的门无法关紧,造成大量海水的进入。

第二,该舰排水系统没有完成,而手动水泵又太少,根本无法满足需要。

第三,水兵素质很差,造成舰只未能进行有组织的抢救。

↓与普通舰艇相比,航空母舰可用"巨大"来形容

"克莱蒙梭"级航空母舰

- ☆ 国籍：法国
- ☆ 服役日期：1961年11月
- ☆ 长：265米
- ☆ 宽：31.7米
- ☆ 标准排水量：24200吨
- ☆ 人员编制：1821人

"克莱蒙梭"级产生于硝烟弥漫的二战，法国充分认识到航母的重要性：以航母为核心的海军舰队是保持法国在苏伊士以东存在的支柱，是维护殖民利益的关键，同时也是支持法国独立自主外交政策的柱石。

"克莱蒙梭"级的诞生

"克莱蒙梭"级现代航母的设计吸取了英美航空母舰的经验，产生了具有本国特点并与本国海军战略相吻合的中型航空母舰。它的排水量虽然不及当时美国建造的小鹰级航空母舰的一半，但具备了较完善的对各种中型舰载机的操作和支援能力。后来经过现代化改装，该级舰提高了自身的防空反导弹能力，能够携载起飞重量大、速度更快的舰载机，可执行攻击敌水面舰只编队，夺取作战海域制空权，担负舰队反潜和防空作战，以及支援两栖登陆作战等多项任务。海湾战争中，该级舰曾几次赴海湾。这2艘航母的母港设在地中海的土伦，正常情况下，轮流担任战备值班，1.5—2年轮换一次。在飞机的配置上，"克莱蒙梭"号侧重攻击作战，"福煦"号侧重两栖作战支援。

祸起"石棉"

"克莱蒙梭"号曾在冷战期间显赫一时，也在海湾战争中立下过汗马功劳。

它在1997年退役后，被卖给了西班牙。本应该在西班牙北部港口拆除所有有毒物质，最后再送往亚洲销毁。但法国军方随后发现西班牙商人把"克莱蒙梭"号卖给了土耳其,并打算以此获利,于是法国偷偷在西西里海域截下这条船,并将其重新送回了法国土伦港。此后,"克莱蒙梭"号就因为其船体中使用的大量石棉材料而经历了一系列环保方面的诉讼。

在环保团体的声讨压力以及遭到各国拒绝之后,印度成了唯一一个愿意接受并销毁这艘退役军舰的国家。2005年12月31日,在法国海军的护送下,"克莱蒙梭"号离开土伦港,驶向印度古吉拉特邦阿朗轮船销毁厂,这最后一次的旅程走了2个月时间。

对于法国和印度的决定,环保组织愤怒了。绿色和平组织在一份声明中谴责法国的行为是非法的:"有充分的证据证明,法国政府没有排除这条船的污染,就连法国自己的环保标准都无法达到,更不用说国际标准了。"该组织负责反对"克莱蒙梭"号进入印度活动的发言人拉玛帕蒂·库马尔说:"法国反复试图逃避其对于'克莱蒙梭'号的责任。法国在对于处理石棉的标准基本上是世界上最高的,但是他们却不愿为安全拆除'克莱蒙梭'号的石棉投入资金,而是试图欺骗印度政府,并把他们的有毒废弃物扔给世界上最穷的国家之一。

这绝对是应该遭到谴责的,绝对不应该是一个公认的文明国家应该持有的态度。"

当法国地中海海事管理负责人接受法新社采访时表示:"任何人试图游说埃及相信这条船是危险物体而不让其通过苏伊士运河的话,都是在撒谎。"

到底是有毒还是无毒?到底谁在撒谎?所有的争议都来源于石棉。这种阻燃材料,在20世纪60到70年代广泛使用于建筑中,但近年来却由于被发现可能致癌而受到法国的高度关注。建成于1961年的"克莱蒙梭"号就使用了大量石棉。不过对当时这艘军舰上到底还遗留有多少石棉,各方的说法差异很大。

尽管法国方面表示,已经采取了所有必要的预防措施来保证这条船不造成污染,但环保组织和媒体援引负责该船第一阶段有毒物质拆除工作的公司负责人的话说,"克莱蒙梭"号上可能还有500—1000吨石棉没有拆除。反对者则严厉抨击法国将有毒废品送往发展中国家的行为。

绿色和平组织提出三点要求:第一,法国政府同意召回"克莱蒙梭"号,并且在其离开欧洲前彻底拆除所有有毒物质。第二,只要船上的石棉没有得到彻底净化,印度

政府有权拒绝其进入印度国境。第三，在《巴塞尔公约》规定没有得到履行的情况下，埃及政府应该坚持其对于《巴塞尔公约》的承诺，拒绝"克莱蒙梭"号进入埃及或者经过苏伊士运河朝着印度前进。

来自"地狱"的回应

尽管绿色和平组织提出了这些要求，甚至还在法国进行了一场法律诉讼，却没有成功。即使"克莱蒙梭"号仍在埃及受阻，法国的态度也没有改变。法国国防部发言人让·弗朗索瓦·比罗后来曾再次明确态度："'克莱蒙梭'号将继续其在国际水域的旅程。"不过，即使能顺利通过苏伊士运河，也不一定能顺利地进行它的销毁之旅。印度最高法院控制有毒废品委员会公布过一份报告，指出"克莱蒙梭"号在有毒废物净化方面违反了《巴塞尔公约》。该委员会主席在接受法国《世界报》采访时说，基于该委员会得到的材料，"无法鼓励授权该船进入印度"。

就在各方强烈要求销毁"毒船"的时候，承担销毁"克莱蒙梭"号任务的印度阿朗轮船销毁厂当局心态却十分复杂。在接受了销毁法国航空母舰"克莱蒙梭"号的生意以后，印度批评人士就将这座世界上最大的轮船销毁厂称为"印度对地狱的回应"。船厂的官员有些无奈地说，船厂非常需要这份合同，因为轮船销毁生意正由于孟加拉国、巴基斯坦等其他国家的竞争陷入低迷时期。古吉拉特邦海事局首席工程师对法新社说："'克莱蒙梭'号的到来将为船厂带来生机，过去三年的生意都不大好。"最终"克莱蒙梭"号未在印度而是在英国被拆解。

↓"克莱蒙梭"级航空母舰一角